高职高专立体化教材　计算机系列

中小企业网络设备配置与管理
(第 2 版)

王新风　主　编

潘永安　蔡　斌　赵广智　副主编

清华大学出版社

北　京

内 容 简 介

本书主要针对高等职业类院校计算机网络技术、通信技术等相关专业的教学需求，帮助学生在网络基础理论学习完成之后，能继续学习专业实践课程。全书主要介绍在组建中小型网络过程中需要使用到的网络设备，以及这些网络设备的安装、配置、管理技术；诠释了组网过程中涉及的网络基础技术、交换技术、广播干扰问题、虚拟局域网技术、交换冗余端口技术、路由器设备、广域网技术、网络安全技术和网络设备管理等。

在体例和样式上，全书按照"基于工作过程"的课程模式，从项目任务需求描述开始，逐步诠释项目建设目标，按照知识学习、项目实施到最后故障排除和调试等过程来讲述应该学习的内容。全书包含了中小型网络组建和管理中涉及的 8 个项目工作场景，对应于学生未来就业工作岗位上相应的技能。

本书是国家示范性高职精品课程建设教材，适合三年制高等职业教育及中等职业类学校计算机及网络专业的学生使用，也适合社会上对组建中小型网络感兴趣的自学者使用。

图书在版编目(CIP)数据

中小企业网络设备配置与管理/王新风主编. —2 版. —北京：清华大学出版社，2018（2022.1重印）

(高职高专立体化教材 计算机系列)

ISBN 978-7-302-49016-6

Ⅰ．中… Ⅱ．①王… ②潘… ③蔡… ④赵… Ⅲ.中小企业—计算机网络管理—高等职业教育—教材 Ⅳ. TP393.18

中国版本图书馆 CIP 数据核字(2017)第 294390 号

责任编辑：桑任松
装帧设计：刘孝琼
责任校对：宋延清
责任印制：朱雨萌

出版发行：清华大学出版社
　　　　网　　址：http://www.tup.com.cn, http://www.wqbook.com
　　　　地　　址：北京清华大学学研大厦 A 座　　　邮　编：100084
　　　　社 总 机：010-62770175　　　　　　　　　邮　购：010-62786544
　　　　投稿与读者服务：010-62776969, c-service@tup.tsinghua.edu.cn
　　　　质量反馈：010-62772015, zhiliang@tup.tsinghua.edu.cn
　　　　课件下载：http://www.tup.com.cn, 010-62791865
印 装 者：三河市天利华印刷装订有限公司
经　　销：全国新华书店
开　　本：185mm×260mm　　　印　张：14.75　　　字　数：350 千字
版　　次：2010 年 2 月第 1 版　2018 年 2 月第 2 版　印　次：2022 年 1 月第 5 次印刷
定　　价：45.00 元

产品编号：075610-02

前　言

随着时间的推移，21世纪的脚步渐渐迈开，人类社会的信息化程度也得到了很大的提升，人们逐渐与物联网以及智能制造牵手相约。而这一切无不对信息的互连互通有了更高的要求，计算机网络技术和网络基础设施建设工作的重要性也更加突显，因此，关于网络方面的技术正发展成为越来越重要的学科，网络技术人才的培养也有了更多和更高的要求。

1. 关于教材开发背景

经过多年的实践，高职教育的人才培养质量与社会需求之间的矛盾已越来越受到教育工作者和全社会的重视，通过深层次挖掘课程问题，人们意识到，高素质应用型人才的培养目标与具有明显学科化倾向课程模式的不协调已经严重影响了高职人才的培养。高职教育作为高等教育中的一个类型，其人才培养规律不同于学术人才培养规律。面对这一事实，高职教育课程的改革也进行了一轮又一轮，其中，课程项目化是突出高职办学特色、促使课程改革走向优质的一条有效途径。

根据上述思路，本书选择计算机网络技术在日常生活中的具体应用为教材开发主线，规划出面向实际工程案例、可操作、可应用、面向基础网络的安全类教材。希望规划的网络技术具体、可实施，选编和规划的知识具有专业化、体系化、全面化特征，能体现和代表当前最新的网络技术发展方向。

2. 关于教材开发指导思想

国家示范性高等职业院校的建设，能在办学理念、办学方向上进一步引领全国高职院校通过推行产学合作、工学结合等方式，探索高技能人才培养的有效途径。

依据这一建设目标，为满足学校教学和社会认证培训的广泛需求，我们前期开发了本教材。本教材在创作过程中，更注重以实际应用为主线，以培养学生的能力为目标，以加强实际应用和技能锻炼为根本。因此，本书在创作过程中，强化实践和教学能力的培养，着重讲授网络技术应用的配置策略，依据学校提供的实践教学平台，帮助学习者直观、形象地理解计算机网络的抽象专业理论。

在与读者的反复沟通过程中，我们还深入地了解广大读者的殷切希望，那就是——教材是书，书之魂在于其可读性，因此，我们在撰写与修改时特别强调知识、技能主线的逻辑性与教材的可读性，得到了广大读者的认可。

3. 关于本教材的内容

针对高等职业院校计算机网络等相关专业职业技能的培养要求，本书详细地介绍了组网实践技术中涉及的网基、路由、交换、广域网、网络安全基础理论和应用到工程中的实践技术，以弥补课堂理论学习中实践教学的不足。

本书分为 8 个知识情景模块，按照局域网组建过程中应用到的网络产品和设备的类型，详细地讲述组建基础网络过程中使用到的路由设备、交换设备、安全设备、广域网设备所涉及的实验操作及实施过程。

本书在每个章节中对相关产品的基本配置、基本界面、功能配置都详细地予以讲解，通过项目推进过程，帮助读者进一步了解网络安全项目的设计与实施。

通过对本书内容的学习，读者可以更深入地理解网络互联设备，应用在组网中所涉及的实验操作，实施过程涉及的内容及实施方法。

全书在设计和安排上，以实验网络工程项目的需求为依据，旨在加深读者对网络工程所涉及的基础理论知识的理解，提高学生网络工程相关的动手实践能力、分析问题和解决问题的能力。

4. 关于本教材的使用方法

本书通过所提供的近十个网络组建实验训练，使学生能够掌握网络工程师所需要的基本实践技能。

本书以日常网络需求为主线串接知识，以项目实践操作为核心，目的是加强对抽象理论的直观理解。

本书还可以作为学生参加工作前专门的实训教学内容，由于书中全部内容都是来自实际工程案例的总结，所以可作为就业前的实习用书，通过对一定数量工程案例的学习，积累实际施工经验，增强工程施工能力和排除故障的能力。

5. 关于课程环境安排

本书覆盖计算机网络规划/组建和配置中涉及的主流网络设备配置管理技术，书中所有工程项目都来自于企业中多年的积累，经过课程规划师提炼，按照再现企业工程项目的组织方式进行串接，每个工程项目都详细介绍了工程名称、工程背景、技术原理、工程设备、工程拓扑、工程规划、工作过程、结果验证等多个环节，循序渐进地展现企业工程项目，并把这些工程项目在网络实验室中搭建出来。

为了顺利实施本教程的教学任务，每个课程学习小组除需要对网络技术有学习的热情之外，还需要具备基本的计算机、网络、安全基础知识。这些基础知识可以帮助学习者理解本书中的网络技术原理，为网络技术的进阶提供良好的帮助。

为了更好地实施这些实验内容，需要为本课程提供一个可实施交换、路由设计的基础性网络环境，可以再现企业网络工程项目。这种课程工作环境包括：一个可以容纳 40 人左右的网络实验室；不少于 4 组工作台。每组工作台中包含组建基本网络的网络实验设备：二层交换机设备、三层交换机设备、模块化路由器设备、网络防火墙、测试计算机设备和若干根网络连接线(或制作工具)。

虽然本书选择的工程项目来自于厂商案例，使用的网络实验设备来自于厂商，但本课程在规划中，力求全部知识诠释和技术选择都具有通用性，遵循行业内通用的技术标准和行业规则。全书关于设备功能描述、接口的标准、技术的诠释、协议的细节分析、命令语法的解释、命令的格式、操作规程、图标和拓扑图形的绘制方法都使用行业内的标准，以加强其通用性。

6．关于课程时间安排

本书通过加强学生对网络互联设备的实践操作，目的是让学生获得企业一线的网络工程实施经验，让学生可以深入地理解和掌握网络互联设备的配置和运行机制，了解网络互联项目发生的场景和实施过程。此外，借助于网络实践教学平台，可以加强学生对网络组网技术的理解和掌握，培养学生的动手实践能力和设计分析能力，培养出创新型人才。

本书可作为高等职业院校计算机或者网络等相关专业的学生学习和研究使用互联设备组网的技术实践课程。一般按照课程教学计划，其前导课程为《计算机网络》等基础类课程，时间上考虑在第二年级下学期，学生在全面学会专业组网技术后，对掌握的基础网络知识进行补充。此外，还可以作为网络专业认证的培训教材，以及作为相关专业的技术人员在实际工作中遇到网络互联设备问题时的技术参考用书。

7．关于课程资源

不同的网络专业课程教学都具有其本身的针对性。强化网络互联设备安装和配置的专业实践能力培养是本课程区别于传统网络专业课程的特色之一。即使在目前众多以应用技能为教学核心的课程中，本课程也具有其他课程所不能比拟的个性。无论是前期为保证本课程的有效实施、方便学校的管理和使用，在课程实施环境(网络实验室)上投入的资金，还是在课程规划思想上的创新，以及在本课程研发上所投入的人力，都具有优势。

特别是，为有效保证本课程在学校的实施，保证课程教学资源的长期提供(案例的及时提供、最新技术的及时更新、新技术的学习、课程学习中的技术交流和讨论等)，本课程的研发队伍还专门投入人力和物力，建设专门的课程实践教学俱乐部和网络资源共享基地，以有效地支持课程在实施过程中资源的更新，疑难问题的解决，课程实施的讨论等一系列服务工作，详细内容可以访问专门与本课程配套的网站：http://www.labclub.com.cn。

8．关于课程开发队伍

本书是国家示范性高职精品课程建设教材，由来自院系教学一线的专业教师队伍根据多年的教学经验创作完成。本教材完成初步创作之后，提交给多位来自厂商的专业工程师，按照企业的项目和体例样式审查，这些专家又把他们多年来在专业领域中的工作经验以及对网络技术的深刻理解，融入到本书的内容中。

本书的第一作者王新风，是淮安信息职业技术学院的副教授、系主任，有多年从事一线网络工程工作的经验，目前主要承担淮安信息职业技术学院信息计算机网络技术原理教学研究，包括设备配置与网络集成课题，主攻计算机网络实践教学，探索面向应用、基于工作过程的计算机网络专业课程规划和开发工作，开设了多种相关的课程。

王新风负责本书的规划以及体例和内容的整理及设计工作，并负责全书主要章节内容的创作任务。此外，淮安信息职业技术学院的教师潘永安、蔡斌，以及兴安职业技术学院的教师赵广智也负责了部分章节内容的开发和整理工作。

本书的主审安淑梅女士毕业于东北大学，CCIE(#11720)，高级工程师，熟悉思科网络、华为网络和锐捷网络的产品和方案，拥有多家厂商的工作经历，熟悉不同厂商的设备，具备应用和实施网络安全防范的能力。她多年在网络一线工作，具有售前工程师、培训讲师的工作背景，参与过多个网络工程整网安全的规划和实施，对按照企业的实际安全工程需求规范本书起到了重要的作用。

在本书的编写过程中，还得到了其他一线教师、技术工程师的大力支持，为本书的实用性、专业性提供了充分的保障，并且在方便学校教学、方便实施和开展等方面给予了有力的支持。

本书的再编与修订工作，也是一次自我修正、自我进步的过程，牵涉很多的人力支持。整个修订工作力求保持原书的风格，又全面解决存在的问题，并适度地更新了相关知识。尽管创作上已经力争精益求精，但由于课程组水平有限，疏漏之处在所难免，恳请广大读者指正。

编　者

第 1 版前言

随着 21 世纪的到来，人类已步入信息社会，信息产业正成为全球经济的主导产业。计算机科学与技术在信息产业中占据重要的地位，网络技术更是信息社会发展的推动力，随着互联网技术的普及和推广，人们日常学习和工作越来越依赖于网络，因此关于网络方面的技术正发展成为越来越重要的学科。

1. 关于教材开发背景

高职教育的人才培养质量与社会需求之间的矛盾已成为人们关注的重点，产生这一矛盾的主要原因是课程问题，从更深层次看，是由高素质应用型人才的培养目标与具有明显学科化倾向的课程模式不协调造成的。高职教育作为高等教育中的一个类型，其人才培养规律不同于学术人才培养规律。当前高职教育所面临的核心任务是课程的改革，其中，课程项目化是突出高职办学特色、促使课程改革走向优质的一条有效途径。

根据上述思路，本书选择计算机网络技术在日常生活中的具体应用为教材开发主线，规划出面向实际工程案例、可操作、可应用、面向基础网络可实施的安全类教材。希望规划的网络技术具体、可实施，选编和规划的知识具有专业化、体系化、全面化特征，能体现和代表当前最新的网络技术发展方向。

2. 关于教材开发指导思想

以《教育部、财政部关于实施国家示范性高等职业院校建设计划加快高等职业教育改革与发展的意见》出台为标志，国家示范性高等职业院校建设计划正式启动。这将对我国高职教育发展产生深远的影响，意见的出台旨在推动全国高等职业院校深化改革的进程，带动全国高等职业教育改革和整体质量的提高。

国家示范性高等职业院校的建设，目的是在整合资源、深化改革、创新机制的基础上，重点建设 100 所高水平的示范性高等职业院校，"大力提升这些学校培养高素质技能型人才的能力，促进它们在深化改革、创新体制和机制中起到示范作用，带动全国职业院校办出特色，提高水平"。通过建设国家示范性高职院校，能在办学理念、办学方向上进一步引领全国高职院校通过推行产学合作、工学结合等方式，探索高技能人才培养的有效途径。

依据这一建设目标，为满足学校教学和社会认证培训的广泛需求而开发了本教材。本教材在创作过程中，更注重以实际应用为主线，以培养学生的能力为目标，以加强实际应用和技能锻炼为根本。因此本书在创作过程中，强化实践和教学能力的培养，着重讲授网络技术应用策略配置，依据学校提供的实践教学平台，帮助学习者直观、形象地理解计算机网络的抽象专业理论。

3．关于本教材的内容

针对高等职业院校计算机网络等相关专业教学大纲的要求，本书详细地介绍了组网实践技术中涉及的网基、路由、交换、广域网、网络安全基础理论和应用到工程中的实践技术，以弥补课堂理论学习中实践教学环节的不足。

本书分为 8 个知识情景模块，按照局域网组建过程中应用到的网络产品和设备的类型，详细地讲述组建基础网络过程中使用到的路由设备、交换设备、安全设备、广域网设备所涉及的实验操作及实施过程。本书在每个章节中对相关产品的基本配置、基本界面、功能配置都详细地予以讲解，来帮助读者进一步了解网络安全项目的设计与实施。通过对本书内容的学习，读者可以更深入地理解网络互联设备，应用在组网中所涉及的实验操作及实施过程涉及的内容及实施方法。全书在设计和安排上，以实验网络工程项目的需求为依据，旨在加深学生对网络工程所涉及的基础理论知识的理解，提高学生网络工程相关的动手实践能力、分析问题和解决问题的能力。

4．关于本教材的使用方法

本书通过提供的近十个网络组建实验的训练，使学生能够掌握网络工程师所需要的基本实践技能。本书以日常网络需求为主线串接知识，以项目实践操作为核心，目的是加强对抽象理论的直观理解。本书还可以作为学生参加工作前专门的实训教学内容，由于书中全部内容都是来自实际工程案例的总结，所以可作为就业前的实习用书，通过对一定数量工程案例的学习，积累实际施工经验，增强工程施工能力和排除故障的能力。

5．关于课程环境安排

本书覆盖计算机网络规划、组建和配置中涉及的主流网络设备配置管理技术，书中所有工程项目都来自于企业中多年积累的工程项目，经过课程规划师提炼，按照再现企业工程项目的组织方式进行串接，每个工程项目都详细介绍了工程名称、工程背景、技术原理、工程设备、工程拓扑、工程规划、工作过程、结果验证等多个环节，循序渐进地展现企业工程项目，并把这些工程项目在网络实验室中搭建出来。

为了顺利实施本教程的教学任务，每个课程学习小组除需要对网络技术有学习的热情之外，还需要具备基本的计算机、网络、安全基础知识。这些基础知识可以帮助学习者理解本书中的网络技术原理，为网络技术的进阶提供良好的帮助。为很好地实施这些实验内容，需要为本课程提供一个可实施交换、路由设计的基础性网络环境，可以再现企业网络工程项目。这种课程工作环境包括：一个可以容纳 40 人左右的网络实验室；不少于 4 组工作台。每组工作台中包含组建基本网络的网络实验设备：二层交换机设备、三层交换机设备、模块化路由器设备、网络防火墙、测试计算机设备和若干根网络连接线(或制作工具)。

虽然本书选择的工程项目来自于厂商案例，使用网络的实验设备来自于厂商，但本课程在规划中，力求全部知识诠释和技术选择都具有通用性，遵循行业内通用的技术标准和行业规则。全书关于设备功能描述、接口的标准、技术的诠释、协议的细节分析、命令语法的解释、命令的格式、操作规程、图标和拓扑图形的绘制方法都使用行业内的标准，以加强通用性。

6．关于课程时间安排

本书通过加强学生对网络互联设备的实践操作，目的是让学生获得企业一线的网络工程实施经验，让学生可以深入地理解和掌握网络互联设备的配置和运行机制，了解网络互联项目发生的场景和实施过程。此外，借助于网络实践教学平台，可以加强学生对网络组网技术的理解和掌握，培养学生的动手实践和设计分析能力，培养出创新型人才。

本书可作为高等职业院校计算机或者网络等相关专业的学生学习和研究使用互联设备组网的技术实践课程。一般按照课程教学计划，其前导课程为"计算机网络"等基础类课程，时间上考虑在第二年级下学期，学生在全面学会专业组网技术后，对掌握的基础网络知识进行补充。此外还可以作为网络专业认证的培训教材，以及相关专业的技术人员在实际工作中遇到网络互联设备问题时的技术参考用书。

7．关于课程资源

不同的网络专业课程教学都具有其本身的针对性。强化网络互联设备安装和配置的专业实践能力培养是本课程区别于传统网络专业课程的特色之一。即使在目前众多以应用技能为教学核心的课程中，本课程也具有其他课程所不能比拟的个性。无论是前期为保证本课程的有效实施、方便学校的管理和使用，在课程实施环境(网络实验室)上投入的资金，还是在课程规划思想上的创新，以及在本课程研发上所投入的人力都具有优势。

特别是，为有效保证本课程在学校的实施，保证课程教学资源的长期提供(案例的及时提供、最新技术的及时更新、新技术的学习、课程学习中的技术交流和讨论等)，本课程的研发队伍还专门投入人力和物力，建设专门的课程实践教学俱乐部和网络资源共享基地，以有效地支持课程在实施的过程中资源的更新，疑难问题的解决，课程实施的讨论等一系列服务工作，详细内容可以访问专门与本课程配套的网站：http://www.labclub.com.cn。

8．关于课程开发队伍

本书是国家示范性高职精品课程建设教材，由来自院系教学一线的专业教师队伍根据多年的教学经验创作完成。本教材完成初步创作之后，提交给多位来自厂商的专业工程师按照企业的项目和体例样式审查，这些专家又把他们多年来在专业领域中的工作经验以及对网络技术的深刻理解，融入到本书的内容之中。

本书的第一作者王新风，是淮安信息职业技术学院的副教授、系主任。有多年从事一线网络工程的经验，目前主要承担淮安信息职业技术学院信息计算机网络技术原理教学研究，包括设备配置与网络集成课题，主攻计算机网络实践教学，探索面向应用、基于工作过程的计算机网络专业课程规划和开发工作，开设了多种相关课程。王新风负责本书的规划以及体例和内容的整理及设计工作，并负责全书主要章节内容的创作任务。此外，淮安信息职业技术学院的潘永安、蔡斌老师也负责了部分章节内容的开发和整理工作。

本书的主审安淑梅女士毕业于东北大学，CCIE(#11720)，高级工程师，熟悉思科网络、华为网络和锐捷网络的产品和方案，拥有多家厂商的工作经历，熟悉不同厂商的设备，具备应用和实施网络安全防范的能力。她多年在网络一线工作，具有售前工程师、培训讲师的工作背景，参与过多个网络工程整网安全的规划和实施，对按照企业的实际安全工程需求规范本书起到了重要的作用。

在本书的编写过程中，还得到了其他一线教师、技术工程师的大力支持，对本书的实用性、专业性，以及方便在学校教学、方便实施和开展等方面给予了有力的支持。

本书规划、编辑的过程历经三年多的时间，前后经过多轮的修订，牵涉到很多的人力支持，其改革力度较大，远远超过策划者原先的估计。尽管创作上已经力争精益求精，但由于课程组水平有限，疏漏之处在所难免，恳请广大读者指正。

编　者

目 录

引　言

计算机网络，是指将地理位置不同的具有独立功能的多台计算机及其外部设备，通过通信线路连接起来，在网络操作系统，网络管理软件及网络通信协议的管理和协调下，实现资源共享和信息传递的计算机系统。

21 世纪的人类社会是一个信息爆炸的社会，信息膨胀的主要原因，在于 20 世纪后半叶科技发展的一个突出成就——计算机及网络的发展。计算机网络技术的发展深刻影响了人类的文化，为信息的发展带来了新的动力，从本质上引起了一场信息的革命，促生了一种新的信息形态——网络文化。生活在今天人们，已经充分认识到信息的重要性，因此各种信息传播和信息共享的技术就成为非常热门的技术。

在学习了计算机网络的相关基础知识以后，如何设计、规划和组建各种实用的计算机网络，通过网络间的互连为用户提供高效的网络服务和信息共享，就成了一种重要的职业追求。这一类职业有哪些技术素质需求，怎样开展这一类工作呢？

网络在我们生活中随处可见，如下情境中所描述的网络应用，是本引言中所描述的知识发生场景。

情　境　描　述

小明是信息学院新入学的新生。宿舍中有来自各地的 5 名同学。由于大家是计算机专业的学生，因此都购买了计算机。

开学之初，开设了一门设计课程，大家需要在各自的电脑上安装一个 200MB 的软件。由于都没有购买 U 盘、移动硬盘等移动存储介质，而宿舍中只有一台计算机上有这个软件的备份，怎样通过联网，让每一台终端上都拥有这一软件并完成安装呢？

通过以上网络情境的描述，需要理解以下网络知识：如何把多台分立的计算机连接起来组成网络？使用什么样的方式连接？如何共享网络中的计算机资源？

知　识　储　备

1. 将两台终端连接成网络

关于两台计算机的连接，我们比较熟悉，只要接成对等网即可。所谓对等网，就是网络中各台终端的作用和地位是相同的，没有主从之分。其实多台连接的原理也是一样。

> **知识回顾：两台电脑组成对等网**
>
> 在先前的算机网络课程学习过程中，应该已经掌握了两台电脑组成对等网的知识。利用这种方式来连接两台电脑时，需要先准备两块有 RJ-45 接口的网卡、两个 RJ-45 水晶接头和一段双绞线。首先，我们需要自己将双绞线制作成一根交叉线，也就是通常所说的 TIA568A 标准线缆。
>
> 接下来，我们打开机箱，将网卡安装在计算机主板的插槽上。需要注意的是，由于网卡可能与声卡、显卡互相产生干扰信号，因此需要把网卡安装在远离它们的插槽中。安装好网卡后，盖上机箱，用事先制作好的交叉网线将两台计算机连接好。

2. 多台终端的星型连接

所谓星型连接，就是用一台网络设备将多台计算机连接在一起，形成的一种拓扑结构，如图 1 所示。根据其数据转发方式的不同，又可以分为共享型和交换型，这一概念将在后面做具体说明。采用星型连接，当一台计算机终端需要向另一台计算机终端发送数据时，就可以通过中心网络设备转发。

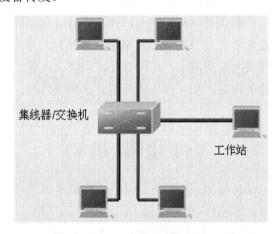

图 1　星型网络拓扑

以星型连接组网时，大都通过交换机(Switch)连接，即以交换机作为中心网络设备。硬件安装方面相当简单，只需每台计算机装有一块带有 RJ-45 接头的网卡，然后用带有 RJ-45 接头的直连网线接到交换机上就可以了。

连接完成后，在所有计算机"网上邻居"的属性中启用相应的协议。其具体操作步骤如下。

(1) 在桌面上右击"网上邻居"图标，在弹出的快捷菜单中选择"属性"命令，将弹出图 2 所示的界面。

(2) 双击界面中的"本地连接"图标，弹出图 3 所示的"本地连接状态"对话框。

(3) 单击图 3 对话框中的"属性"按钮，弹出如图 4 所示的"本地连接属性"对话框。直接单击"安装"按钮，在出现的图 5 所示的"选择网络组件类型"对话框中选择"协议"组件，单击"添加"按钮，然后选择要添加的协议。为了完成以上网络情境中所描述的组建宿舍网络的项目，需添加"TCP/IP 协议"和"NETBEUI 协议"(默认的情况下，Windows XP 操作系统中，这些协议已经安装成功)。

图 2　本机上所具有的网络连接

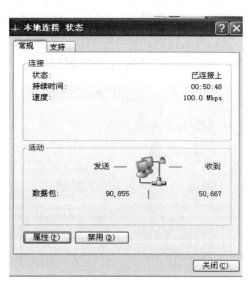

图 3　"本地连接状态"对话框

图 4　"本地连接属性"对话框

图 5　添加"协议"组件

　　(4)　按照图 1 所示的网络拓扑，把宿舍中的 5 台终端计算机连接在一起，组建成"情境描述"中所描述的宿舍网络。由于是连接在一起的共享网络，需要把所有计算机的 IP 地址规划在同一网段上。根据地址规划原则，各台计算机的 IP 地址分别规划为 192.168.0.1/24、192.168.0.2/24、192.168.0.3/24、192.168.0.4/24 和 192.168.0.5/24(其中的/24 表示子网掩码的长度，即 11111111 11111111 11111111 00000000，十进制为 255.255.255.0)。

　　(5)　在图 4 所示的"本地连接属性"对话框中选择"Internet 协议 TCP/IP"列表项后，

单击"属性"按钮。在弹出的图6所示的"Internet协议(TCP/IP)属性"对话框中设置。

完成了上述操作以后，接下来只需要让所有的工作站处于同一工作组，并且具有互相不冲突的计算机名即可。配置计算机名的操作如下。

(6) 从"控制面板"中启动"系统属性"，或从桌面上右击"计算机"，选择"属性"菜单命令，打开图7所示的"系统属性"对话框。

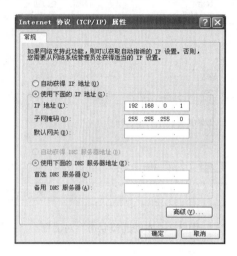

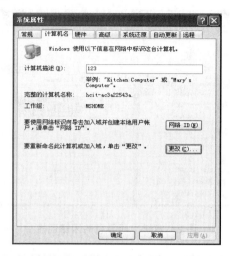

图6 IP地址配置 　　　　　　　　　　　图7 "系统属性"对话框

(7) 单击"计算机名"选项卡，然后单击"更改"按钮，可以在弹出的如图8所示的对话框中，完成计算机名称的更改，同时，也可以完成工作组的更改。

图8 更改计算机名称

更改的要求就是：使想要进行通信的所有计算机处在同一个工作组中。注意：这里暂时不考虑"域"的问题，否则会带来其他不必要的麻烦。计算机名如果没有一样的，或者说没有冲突，就可以不做处理，工作组的名称在这里就叫WORKGROUP即可。

现在可以进行信息共享了。例如，图1中标有"工作站"的那台计算机中有所需的应用软件，将软件所在的文件夹共享，现在别的联网用户就可以从"网上邻居"里找到所需的软件，并传输到自己的计算机中了，从而实现了网络情境描述中的工作任务内容。

自己动手： 把以上操作内容自己操作练习一遍。

我不理解： 如果有些学习内容还不理解，请复习"计算机网络"基础课程的相关章节。

在本单元所描述的网络情境中，我们通过使用网卡、交换机和直连双绞线等常见的网络设备完成了一个简单的计算机星型局域网的组建，并利用此局域网完成了信息共享网络服务。从这里可以看出，网络就是通过设备和介质将分布在不同地点的计算机终端连接起来，设备是这一工作的关键和灵魂，在本书剩下的部分中，将根据工作情境的不同，分析规划应该使用的网络设备，设计它们的连接方法，实施配置并完成网络的互连。

牢记概念： 网络就是用设备和介质将计算机终端连接起来形成的系统。

情境 1　组建中小型局域网

在无纸化办公、电子商务、电子政务等诸多领域中，局域网起着非常重要的作用。现在，越来越多的中小企业开始组建局域网以提高办公效率，众多高校和事业单位也建设了自己的计算机网络，以方便学生学习，以及信息获取和信息共享交流。

怎样建成适合部门应用需求的网络？怎样保证它能承担必需的日常工作？怎样组建的网络性价比更高？这些正是这一情境下所要考虑的主要问题。

情 境 描 述

学校为了迎接新生，需要在室外空旷的地方建立一个共公接待处，学院的 8 个系都要设立自己的接待点。为了工作方便，接待点能够上网是基本要求，现在需要计算机网络技术专业的师生帮助建立一个临时网络，可以实现各系接待点之间相互通信，以及与特殊部门的通信，同时，可以访问处于外网的服务器，并能远程解答新生的相关问题。

1.1　知 识 储 备

1.1.1　网络标准化

ISO 的 OSI/RM 是网络标准化的规范性文档，又被称作"网络世界的法律"。成立于 1947 年的国际标准化组织(ISO)是个多国团体，专门为一些国际标准达成世界范围的一致。OSI/RM 是由 ISO 创建的一个有助于开发和理解计算机的通信模型，我们通常称为 OSI 七层参考模型，它最初是在 20 世纪 70 年代后期提出的。

要点讲评：什么是"层"

对于计算机网络的学习者而言，"层"是一个看不见、摸不着，特别不容易理解的概念。其实，只要通俗地把层理解为功能模块就可以，一个层和一个功能模块一样，可以完成一个或一类功能。作为使用者，只需要关心两件事：交给它的输入必须是什么类型的数据，以及这种数据应该是什么格式；从它里面输出的是什么类型的数据，以及输出的数据是什么格式。这样，在设计一个具体的"层"时，工作就会变得简单。

建立 OSI 模型的目的，是为了使单个或多个不同的系统能够较容易地通信，而不考虑其底层体系结构，更不需要改变底层的硬件或软件的逻辑。OSI 模型并不是协议，它是为了解和设计灵活的、稳健的、可互操作的网络体系结构而提炼的一种模型。

1. 层次化体系结构

OSI 七层参考模型把网络体系自下而上地分为 7 个层次：物理层、数据链路层、网络层、传输层、会话层、表示层、应用层。每一层均有自己相应的功能集，帮助上层完成功能，依赖于紧邻自身的下层完成网络信息的传递。在最上层，应用层与计算机用户的软件程序进行交互。

OSI 七层参考模型对网络中两节点之间交互的过程进行了结构化的定义和描述。

在这个模型中，设计者根据发送数据过程中的各种最基本的要素，找出与用途相关的网络功能需求，将其分成不同的组，由这些组构成相应的层次。每一层定义了一簇功能，并严格保证这些功能和其他层的功能不同，从而确保各层功能的局部化。正如现在大家所看到的通信网络，既有丰富的功能，又有很灵活的体系结构。最重要的是，OSI 模型使得本来不兼容的系统变成完全可互操作。

在单台网络设备中，每一个层调用紧挨着它的下一层的服务。例如，第 3 层使用第 2 层提供的服务，同时向第 4 层提供服务。网络设备之间则是在一个网络设备中的第 X 层与另一个网络设备的第 X 层通信。这种通信是由一些协议来控制的，而协议就是事先都同意的一组规则和约定。在每一个网络设备的某个给定层上进行通信的进程，称为对等进程。因此，在网络设备之间的通信，就是使用某个给定层的协议的对等进程之间的通信。

> **知识库：层是理念上的"模块"**
>
> 完全把层理解为模块或功能部件是错误的，生活中，我们定义的模块一般都依附于独立的物理实体。以大家熟悉的计算机为例，如"内存"是存储功能部件，在制作时它就是一个物理实体；再如"显卡"是一个用于显示的功能部件，它也是被制作在一个实体上的。"层"则不然，如果你想说网卡是哪一层，就会发现它不仅仅属于一层，而是包含了物理层、数据链路层、网络层的功能，甚至包含了传输层的部分功能。层之所以难理解，就是因为这一点，但只要不试图与物理实体相互对应，也就没有问题了。任意一个网络终端都必须涵盖七个层。

2. 对等进程

物理层的通信是非常直接的：一台设备将二进制位流发送给另一台设备。就像早些年的电报机一样，一台电报机发出"嘀 嘀 嘀嘀"，另一台电报机相应地也会收到"嘀 嘀 嘀嘀"。这两台电报机都不明白(也不必明白)"嘀 嘀 嘀嘀"是什么含义，因为了解这含义是报务员的事。我们说一台电报机和另一台电报机通信，这就是对等进程；我们也可以说报务员和报务员通信，这也叫对等进程，但我们不说报务员和对方的电报机通信，这不合常理，或者说不对等。在高层，通信过程是：必须先通过设备 A 的各层向下移动，到了设备 B 后，再经过各层向上移动。在发送设备的每一层，要在它从紧挨着的上层收到报文时，添加上本层的信息，然后将整个包装好的报文送出，送出报文实际上是传递给紧挨着的下层,由下层完成剩余的工作。

在第 1 层,整个报文包要转换成可向接收设备传送的形式。在接收机设备上,报文要逐层被打开,每一个进程接收数据,然后取出对该层有意义的数据。例如,第 2 层把对第 2 层有意义的数据单元取走后,把其余的部分传递给第 3 层。第 3 层把对它有意义的数据单元取走后,再把其余部分传递给第 4 层,依次类推。

图 1-1 是对层的一种实例化描述,但问题是,这里的每一个层还是一个实体,容易误会。如果考虑两个人的协同工作,把脑的想法和手的动作都看成层,就更像网络体系结构中的层。这样做的根本目的,是为了让协作双方有统一的规定,这样,即便是两个不同国度的人,甚至是不同物种的生物,也都可以协同工作了(如警犬训练)。

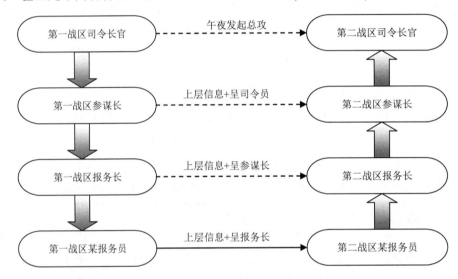

图 1-1　战区联合行动中层的概念

1)　层间的接口

在发送设备中,数据和网络信息通过各层向下传送,而在接收设备中,这些数据和信息通过各层向上传送。这样做之所以是可能的,是因为在各层的每两个相邻层之间有一个接口,每一个接口定义了一个层必须向它的上层提供什么信息和服务,定义清楚的接口和层功能使得网络可以模块化。只要一个层向它的相邻层提供了预期的、规定类型的数据,则这个层是由什么组成或采用什么结构就都是可以允许的,换句话说,升级或替换一个层的软、硬件时,不需要对其他的相关层进行改动。正如生活中我们可以将邮箱看成接口,你将信件投入邮箱,另一侧邮递员是骑自行车来取还是开轿车来取,对于你来说都是无须关注的。

2)　各层的组织

OSI 的 7 个层可看成是属于 3 个组。第 1、2 和 3 层(物理层、数据链路层和网络层)是网络支持层,被称为网络通信的低层;这些层的任务是在物理上将数据从一个设备传送到另一个设备(例如,电气规约、物理连接、物理编址、传输的定时和可靠性)。第 5、6 和 7 层(会话层、表示层和应用层)可以看成是用户支持层,也被称为网络通信的高层;这些层使得一些无关的软件系统有了互操作性。第 4 层，即传输层，是将上面两个组连接起来，使得低层所发送的是高层可使用的形式。OSI 的上三层总是用软件来实现的；而下三层则是硬件和软件的组合，但物理层除外，它的绝大部分是硬件。

生产者和使用者都遵循以上这些规则，就称为网络标准化。网卡坏了时，只要换一块网卡即可，而不用关心是什么品牌的网卡。

深度点评：网络标准化

在网络发展初期，许多研究机构、计算机厂商和公司都按自己的想法大力发展计算机网络。这种各自为政的发展策略，使得网络在体系结构上差异很大，以至于它们之间互不相容，难于相互连接以构成更大的网络系统。为此，许多标准化机构积极开展了网络体系结构标准化方面的工作，其中最为著名的就是国际标准化组织 ISO 提出的开放系统互连参考模型 OSI/RM。OSI 参考模型最终成为研究如何把开放式系统连接起来的标准，各个厂家都按这个标准进行生产，网络互连和网络部件替换就变得简单易行了。

1990 年以前，在数据通信和联网的文献中占主导地位的是开放系统互联(OSI)模型。那时，人们大都坚信 OSI 模型将是数据通信的最终标准，然而这种情况并未发生。现在 TCP/IP 协议栈成为占主导地位的商用体系结构，因为它已在 Internet 中应用，并且通过了广泛的测试，而 OSI 模型从来没有被真正完全实现过。

---

3. OSI 模型中的层次

由于 OSI 模型层的概念比较虚幻，下面将通过对每一层次及其作用进行介绍，帮助理解掌握网络体系结构和各层中网络数据流的格式及简单时序。通过理顺网络数据流向及时序关系的方法来理解 OSI 模型是十分高效、科学的学习方法。

1) 应用层

应用层位于 OSI 模型的最顶端，通常被称为第 7 层。应用层的作用主要是为应用软件提供接口，从而使得应用程序能够使用网络服务，这里的应用软件也被称为应用代理。

在应用层中包含了各种各样的协议，运行在应用层上的大部分协议提供的服务是直接面对客户，例如，最常用的协议 HTTP，是我们享受 WWW 服务的基础。此外，常用的协议还包括 FTP、Telnet、DNS、DHCP、SMTP、POP3 等。

2) 表示层

表示层位于应用层的下方，通常称其为第 6 层。表示层考虑的是两个系统所交换的信息的语法和语义，或者说是信息的格式(表示方法)。

表示层的作用主要包括以下几个方面。

(1) 数据的编码和解码。两个系统中的进程所交换信息的形式通常都是字符串、数字、图、表等。这些信息在传送之前必须转变为位流。由于不同的计算机使用的编码系统可能不同，所以表示层的责任，就是在这些不同的编码方法之间提供转换。发送端的表示层将

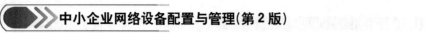

信息从发送端有关的格式转换为一种公共的格式，接收的机器上的表示层将此公共格式转换为接收端能够理解的格式。按照通俗的理解，文件的格式(DOC、XLS、GIF 等)就属于表示层。

(2) 数据的加密与解密。为安全起见，发送前要对数据进行加密处理，数据到达目的端后，网络另一端节点的表示层将对收到的数据进行解密，变成用户能识别的信息。

(3) 数据的压缩与解压。数据压缩就是对信息中所包含的位数进行压缩。在传输多媒体信息(如文本、声音和视频)时，数据压缩就特别重要。

一言以蔽之，表示层是各节点应用程序、文件传输的翻译官。任务是将应用层产生的交互信息表示成各地计算机终端都熟悉并认可的格式。

3) 会话层

会话层位于表示层的下方，即第 5 层。会话层的作用主要是在不同用户中、节点之间建立和维护通信通道，同步两个节点之间的会话，决定通信是否被中断以及中断时决定从何处重新发送。

例如从互联网中下载文件，就与我们想要下载的文件所在地(提供下载的网站)建立了联系，也就是说，建立了一个会话，这个下载的通道是由会话层来控制的，下载的时候网络如果由于某种原因断掉了，等网络恢复正常后，仍然可以通过会话层这个控制来执行断点续传，所以业内人士形象地把会话层比喻为网络中的"交通警察"。

4) 传输层

传输层处于七层模型中的第 4 层，作为承上启下的一层，是 OSI 模型中相当重要的一层。传输层负责将报文准确、可靠、顺序地从源端传输到目的端(端到端)，而且这两个节点既可以在同一网段上，也可以在不同的网段上。当通信双方处在很遥远的地理位置时，一般不会在同一网段上。

网络层监督单个分组的端到端传输，但并不考虑这些分组之间的关系。网络层独立地处理每个分组，就好像每个分组属于独立的报文那样，而不管是否真的如此。但传输层要确保整个报文原封不动地按序到达，完成从源端到目的端的差错控制和流量控制。

传输层主要负责以下功能。

(1) 服务点编址(端口号)：计算机往往在同一时间运行多个程序。因此，从源端到目的端的传输并不仅是从某个计算机传输到下一个计算机，同时，还指出从某个计算机上的特定进程(运行着的程序)传输到另一个计算机上的特定进程(运行着的程序)。因此，传输层的首部必须包含某一特定地址，叫作端口地址。网络层将每一个分组送到正确的计算机；传输层将完整的报文送到该计算机上正确的进程。

(2) 分段与重组：一个报文要划分成若干个可传输的报文段，每个报文段应包括序号。这些序号使传输层能够将报文在它到达目的端时重组，对在传输时丢失的分组能够识别并替换为正确的分组。传输层能够智能地根据网络的处理能力把一些大的数据包强制分割成小的数据单元，然后为每个数据单元(也称数据段)安排一个序列号，保证数据单元到达接收方的时候能够正确排序。

(3) 连接控制：传输层可以是无连接的，也可以是面向连接的。无连接的传输层将每个报文段看成是独立的数据报，并将此报文段传输给目的机器的传输层。面向连接的传输层在发送分组之前，先要与目的机器的传输层建立一条连接(可以理解为全程应答关系)。当全部数据都传送完毕后，再通过一定的机制断开连接。

(4) 流量控制：如果接收端接收数据的速率小于发送端发送数据的速率，那么就可能因过载而无法工作。传输层的流量控制是在端到端的意义上实现的，其意义在于保证发送端的发送速率是接收端可接受的。

(5) 差错控制：为了加强端到端传输的可靠性，在传输层还增加了层间差错控制。发送端的传输层必须保证整个报文到达传输层时是没有差错的(即无损伤、无丢失、无重复)。如果发现差错，通常通过重传来实现纠错。在网络中，如果接收方正确收到了信息，那么接收方的传输层会发送一个 ACK(应答)来通知发送方；如果数据出现了错误，接收方的传输层也会发消息给发送方，要求重新发送出错数据；如果发送方传输数据在一定时间内没有被应答，发送方的传输层也会认为数据丢失，从而重新发送数据。注意，传输层的差错控制也是在端到端意义上的。也就是说，只是收发两端相互协商，与中间节点不进行协商。

5) 网络层

网络层位于 OSI 模型的第 3 层，网络层主要负责将分组从源端传输到目的端，这可能要跨越多个网络(网段)。传输层负责将完整的报文进行端到端的传输，而网络层则确保每一个分组能够从它的源端到达目的端。

如果两个系统连接在不同的网络(网段)上，而这些网络(网段)是由一些连接设备连接起来的，那么通常需要网络层来完成从源端到目的端的传输。

网络层主要负责以下任务。

(1) 逻辑地址：如果分组穿过了网络的边界，就需要一种编址来帮助我们区分开源系统和目的系统。网络层对从上层来的分组添加首部，其中包括发送端逻辑地址和目的逻辑地址。逻辑地址就是通常所说的 IP 地址。

(2) 路由选择：当许多独立的网络或链路互联在一起组成互联网或组成更大的网络时，这些链接的设备(路由器和交换机)就要使用可选择路由或使用交换的方法，把分组送交到它们最后的目的端。网络层的功能之一，就是提供这种路由选择机制。

网络层通过综合地考虑网络拥塞程度，数据发送的优先权，服务质量(包括传输时间、链路抖动、网络延迟等情况)，以及所有可选择的到达目标的路径开销等情况，来决定网络两节点通信的最佳路径。

在网络中，确定数据传输路径的工作(即路由功能)在网络层中完成，而路由器这种网络设备通过对网络编址方案以及网络可达性的判断，指引数据的发送，所以网络设备路由器属于三层设备。

6) 数据链路层

数据链路层位于 OSI 模型的第 2 层，数据链路层的主要作用是把从网络层接收到的数据分割成可以被物理层传输的帧，数据链路层直接控制着网络层与物理层的通信。

帧是一种用来移动数据的结构包，帧的构成类似于火车的结构，一些车厢负责运送旅客和行李(相当于数据)，车头、车尾保证了列车的完整性(帧结构的完整)，还有一些车厢完成其他的工作(对帧信息的校检、标识目的地址和源地址等)。链路层的功能如下。

(1) 组帧：数据链路层把从网络层收到的位流划分成可以处理的数据单元，即帧。

(2) 物理编址：如果这些帧需要发送给网络上的不同系统，那么数据链路层就要把首部加到帧上，以明确帧的发送端或接收端。如果这个帧是要发送给在发送端的网络以外的一个系统，则接收端物理地址就应当是将本网络连接到下一个网络的连接设备的物理地址。

(3) 流量控制：如果接收端接收数据的速率小于发送端产生的速率，那么数据链路层就应使用流量控制机制来预防接收端因过载而无法工作。

(4) 差错控制：数据链路层增加了一些措施来检测和重传损坏或丢失的帧，因而将物理层增加了可靠性。它还采用前导机制来防止出现重复帧。差错控制通常是在帧的最后加上尾部来实现的。

(5) 接入控制：当两个或更多的设备连接到同一个链路时，数据链路层就必须决定哪一个设备在什么时刻对链路有控制权。

在当今广泛使用的以太网中，数据链路层自身又划分了两个子层：逻辑链路控制层(LLC)和介质访问控制层(MAC)。

LLC 层主要负责对各种网络协议进行封装，使得协议能在物理线路上传输。LLC 帧在传输不同网络协议的时候是需要 SAP 来区分的，例如某个节点同时运行着 TCP/IP 和 IPX/SPX 两种协议，数据帧到达时，接收者需要知道将数据帧交给哪个协议来处理。此外，LLC 层为上层提供了一个可靠的公共接口，来进行流量控制。

MAC 层管理网络设备的物理地址，物理地址也被称为 MAC 地址。MAC 地址由 48 位构成，前 24 位是分配给厂商的代码，后 24 位是唯一的设备代码，MAC 地址是在设备出厂的时候烧录到设备固件中的，这就使得 MAC 地址不能修改，从而标识了设备的唯一性。

7) 物理层

物理层位于 OSI 模型的最底层，即第 1 层。物理层协调在物理媒体中传送 bit 流所需的各种功能。物理层涉及到接口和传输媒体的机械的和电气的规约。它还定义了这些物理设备和接口为所发生的传输必须完成的过程和功能。

物理层的主要作用，是产生并检测发送和接收的带有数据的电气信号。物理层包括物理上连接网络的媒介，如连接网络的线缆。物理层是不提供数据纠错服务的，但是，在物理层上能对数据的传输速度做一定的控制，并能监测数据的出错率。在物理层传输电气信号的载体，称为位流或比特流。

物理层主要有以下工作。

(1) 定义接口和介质的物理特性：物理层定义在设备与传输介质之间的接口的特性。它还定义传输介质的类型。

(2) 确定位的表示：物理层的数据由位流组成(0 和 1 的序列)，而不需要进行任何解释。要发送时，位必须经过编码变成信号——电信号或光信号。物理层定义编码的类型，即 0

和 1 用什么样的信号来表示。

(3) 数据速率：传输速率(即每秒发送的位数)也在物理层定义。换言之，物理层定义位的持续时间。

(4) 位的同步：发送端不仅要使用同样的位速率，而且还要在位级进行同步，换言之，发送端和接收端的时钟必须是同步的(该收的时候收，该停的时候停，发送方发送的每一位都要被正确地解析为一位)。

(5) 线路配置：物理层要考虑到设备与媒体的连接。在点对点的配置中，两个设备通过专用链路连接在一起。在多点配置中，若干个设备共享一条链路。

(6) 物理拓扑：物理拓扑定义设备是如何连接到网络上的。设备的连接方法可使用网状拓扑、星状拓扑、环状拓扑或总线拓扑。

(7) 传输模式：物理层还定义在两个设备之间的传输方式，单工、半双工或全双工。在单工模式下，一个设备只具备接收或者发送数据的功能。在半双工模式下，设备可以在同一时间内朝某方向单向传输数据。全双工则可同时双向收发数据。

4. 各层间的联系

OSI 七层模型虽然划分了层，但所有的层是为了一个目标协同工作的，一个设备、一次操作可能不会用到所有的层，只要用到就必须相互关联，确保网络通信过程中数据传输的每一时段，每一步的状态都准确无误。

数据的封装及拆封。

1) 数据传输的封装及拆封机制

网络通信过程中，数据的传输可以按着 OSI 七层模型层次顺序来解释，数据在发送过程中通过各层的时候，均被附加一些该层的信息，这些附加的信息被转发方和接收方的对等层作为处理数据的依据，每一层在数据上附加该层的信息时，其实就是组织一个本层的头结构，把上层传来的数据包裹起来，这个过程可以理解为各层对数据的封装。当接收方接收数据的时候，只须在各层上打开相应的封装，获得本层需要的数据，这个封装过程的逆操作我们理解为拆封。封装及拆封的过程主要在传输层、网络层、数据链路层、物理层来实现。

请您思考： 把生活中寄信、货物托运等工作的流程与网络传输的工作原理做比对，找出它们的共性。

2) 数据传输的封装及拆封过程

我们用发送电子邮件和接收电子邮件的例子，来仔细讨论数据传输的封装及拆封过程。当写好电子邮件后，提出一个发送到远程邮件服务器的请求，应用层会识别你的请求，并将请求传输到表示层，表示层要判断是否要格式化，是否加密来自应用层的请求。

接下来，表示层间加入需要转换的代码信息，并将请求传递到会话层。会话层接收到表示层处理过的请求后，会给该请求附上一个数据标记符，这个标记符指示你有权限传输数据。

会话层把数据传送到传输层。在传输层，数据(包含上层加在数据上的控制信息)将被分割成可以被管理的数据段，并在每个数据段的头部添加 TCP 报头(包含源端和目的端的端口号，以实现端到端的连接和通信)。传输层的数据到达网络层后，网络层添加逻辑地址信息，在 TCP 报头前面添加 IP 报头(包含数据包的源逻辑地址和目的逻辑地址)。

这时候，我们称数据为数据包，数据包到达数据链路层后，先进入 LLC 子层，加上 LLC 头部，然后进入 MAC 子层，加上 MAC 头部和一个 FCS(帧校验序列)的尾部，数据包在数据链路层被打包成单个的帧。由于在编帧时 LLC 和 MAC 是不加区分的，建议学习者在学习这一段内容时也不要过于细究。

数据帧被传输到物理层后，物理层不做任何解释，也不再添加信息，把数据帧发送到传输介质并以位流的形式传输。在数据到达另一端服务器的物理层时，服务器的数据链路层开始解析你的请求，并反向执行上述过程。

1.1.2 TCP/IP 协议栈

1. OSI 与 TCP/IP 体系结构

为了促进计算机网络的发展，国际标准化组织 ISO 于 1977 年成立了一个委员会，在现有网络的基础上，提出了不基于具体机型、操作系统或公司的网络体系结构，称为开放系统互联模型(OSI 参考模型)。

OSI 的七层协议体系结构概念清楚，理论完整，已经被公认为计算机网络的国际标准。OSI 模型本身不是网络体系结构的全部内容，它并未确切地描述用于各层的协议和服务，仅提出每一层应该做什么。由于其设计太过复杂和繁琐，一直没有研究产生完全符合这一协议的网络系统。

现在网络上流行的协议体系是 TCP/IP，它也被称为计算机网络技术的"事实标准"或"工业标准"。TCP/IP 是随着美国国防部 ARPANET 网络的研发而诞生和独立出来的。由于低成本和可以在多个平台间通信的可靠性，TCP/IP 迅速流行并发展起来。

TCP/IP 协议栈得名于两个最重要的协议：传输控制协议(TCP)和网际协议(IP)。它还有一个鲜为人知的名字，叫作网际协议栈，这是官方的 Internet 标准文档中使用的术语。

TCP/IP 在 OSI 模型出现前就开始开发了，二者之间是各自独立进行的。因此 TCP/IP 协议栈的层次无法准确地与 OSI 模型对应起来。TCP/IP 是一个四层的体系结构，它包括应用层、传输层、互联网络层和网络接口层。

但从实质上讲，TCP/IP 只有三层，即应用层、传输层和互联网络层，因为最下面的网络接口层并没有什么具体内容。

因此，在有些参考资料中，往往采取折中的方法，也就是综合 OSI 和 TCP/IP 的优点，采用一种原理性体系结构，将其概括为五层：应用层、传输层、网络层、数据链路层和物理层。它的下四层与 OSI 的下四层相对应，提供物理标准、网络接口、网际互联以及传输功能。然而 OSI 的上三层在 TCP/IP 中则用应用层来表示。

2. TCP/IP 协议栈——应用层

TCP/IP 协议中的应用层对应于 OSI 模型中的会话层、表示层和应用层。应用层由使用 TCP/IP 进行通信的程序所提供。一个应用就是一个用户进程,通常需要与其他主机上的另一个进程合作。在这一层中定义了很多协议。例如 FTP(文件传输协议)、TFTP(普通文件传输协议)、HTTP(超文本传输协议)、SMTP(简单邮件传输协议)等。所有的应用软件通过该层利用网络。

3. TCP/IP 协议栈——传输层

TCP/IP 协议中的传输层对应于 OSI 模型中的传输层。传输层提供了端到端的数据传输,把数据从一个应用传输到它的远程对等实体。传输层可以同时支持多个应用。这一层包括两个协议:TCP(传输控制协议)和 UDP(用户数据报文协议),负责数据报文传输过程中端到端的连接,并负责提供流控制、错误校验和报文到达后的排序重组工作。

TCP 提供了面向连接的可靠的数据传送、重复数据抑制、拥塞控制以及流量控制。UDP 提供了一种无连接的、不可靠的、尽力传送的服务。因此,如果用户需要使用 UDP 作为传输协议的应用,必须提供各自的端到端的完整性、流量控制和拥塞控制。通常,对于那些需要快速传输机制并能容忍某些数据丢失的应用,可以使用 UDP,如实时播放的流媒体。

4. TCP/IP 协议栈——网络层

TCP/IP 协议中的互联网络层对应于 OSI 模型中的网络层。互联网络层也称为互联网层或网络层。这一层包括 IP(网际协议)、ICMP(网际控制报文协议)、IGMP(网际组报文协议)以及 ARP(地址解析协议)。IP 是这一层最核心的协议。它是一种无连接的协议,不负责下面的传输可靠性。IP 不提供可靠性、流控或者错误恢复。这些功能必须由更高层提供。IP 提供了路由功能,它试图把发送的消息传输到它们的目的地。IP 网络中的消息单位为 IP 数据报。这是 TCP/IP 网络上传输的基本信息单位。

5. 常用的 TCP/IP 协议

1) 网际协议(IP)

网际协议(IP)位于 OSI 模型的网络层,即 TCP/IP 模型的 Internet 层。IP 是一种不可靠的无连接数据报协议,不保证数据的可靠性。IP 不提供任何校验,所有的传输正确性等问题在 TCP/IP 协议栈的更高层协议加以保证。

IP 是一种不可靠的协议,提供尽力而为的服务。IP 假定了底层是不可靠的,因此尽力而为将数据报传输到目的端,但没有保证;IP 也是一种无连接协议,它是为使用数据报的分组交换网而设计的。这就表示每一个分组独立地进行处理,而每一个分组使用不同的路由传送到终点。这表明如果一个源端向同一个目的端发送多个数据报,那些数据报有可能不按顺序到达。有一些数据报也可能丢失,还有些数据报在传输过程中可能会受到损伤。这时,TCP/IP 要依靠更高层的协议来解决这些问题。网络可靠性要求很高时,IP 必须与可靠的协议(如 TCP)配合起来使用。

2) 地址解析协议(ARP)和反向地址解析协议(RARP)

互联网是由许多物理网络和一些如路由器和网关的联网设备所组成的。从源主机发出的分组在到达目的主机之前,可能经过许多不同的物理网络。

在网络层,主机和路由器通过逻辑地址来标识自己的身份。逻辑地址的作用范围是全局的,并且在一个物理网络中也是唯一的。之所以叫作逻辑地址,是因为逻辑地址是用软件实现的。每一个与互联网打交道的协议都需要逻辑地址,在 TCP/IP 协议栈中,逻辑地址也叫作 IP 地址。

但是,分组都要通过物理网络才能到达这些主机和路由器。在实际物理链路传输时,主机和路由器用它们的物理地址来标志。物理地址是本地地址。它的管辖范围是本地网络。之所以叫作物理地址,是因为物理地址通常(并非永远)是用硬件实现的。物理地址的示例是以太网和令牌环中的 48 位 MAC 地址,它被写入装在主机或路由器的网络接口卡中。最终标志一台计算机的地址是其物理地址,这就表示把报文转发到主机或路由器需要两级地址:逻辑地址和物理地址。这里的两个协议分别将逻辑地址映射为物理地址和将物理地址映射为逻辑地址。

ARP 操作:在任何时候,当主机或路由器有数据报发送给另一个主机或路由器时,它必须有接收端的逻辑地址。但是,IP 数据报必须封装成帧才能通过物理网络。这就表示,发送端必须有接收端的物理地址。因此,需要从逻辑地址到物理地址的映射。此时,它发送 ARP 查询报文,这个报文包括发送端的物理地址和 IP 地址,以及接收端的 IP 地址。因为发送端不知道接收端的物理地址,查询就在网络中广播。

3) Internet 控制信息协议

IP 提供了不可靠的和无连接的数据报发送机制。IP 协议没有差错报告或差错纠正机制。如果出了差错怎么办呢?有可能路由器因找不到可以到达最后目的端的路由,或者因生存时间字段为零而必须丢弃数据报,这时,当然不能只是简单地丢弃。

IP 协议还缺少一种用于主机和管理的查询机制。主机有时需要确定一个路由器或另一个主机是活跃的。有时,网络管理员需要从另一个主机或路由器得到信息。

ICMP 就是为了解决以上两个问题而设计的。它需要配合 IP 协议使用。ICMP 本身是网络层协议。但是,它的报文不是如设想的那样直接传送给数据链路层。实际上,ICMP 报文首先要封装成 IP 数据报,然后再传送给下一层。

IP 数据报究竟携带的是什么内容,由其数据协议字段来表示,IP 报文数据协议中的字段如果是 1,表明其 IP 数据是 ICMP 报文。

ICMP 报文类型:ICMP 报文分为两大类,差错报告报文和查询报文。

差错报告报文是路由器或主机(目的端)用于处理 IP 数据报时可能遇到的一些问题。

查询报文是成对出现的,它帮助主机或网络管理员从一个路由器或另一个主机得到特定的信息。例如,节点能够发现它们的邻居。此外,主机能够发现和知道它们网络上的一些路由器的情况。

4)　传输层协议

TCP/IP 协议栈在传输层采用了两个协议：UDP 和 TCP。IP 负责主机到主机的通信。作为网络层协议，IP 只能将报文传送到目的主机。但是，这是一种不完整的传输。这个报文还必须交给正确的进程。

这正是像 UDP 或 TCP 这样的传输层协议所要做的事情。UDP 就是负责将报文转发给适当进程的。

一个远程计算机在同一时间可支持多个服务，正像许多本地计算机可在同一时间运行一个或多个客户程序一样。对通信来说，我们必须定义本地主机、本地进程、远程主机、远程进程。

本地主机和远程主机是使用 IP 来定义的。要定义进程，我们需要另一个标示符，叫作端口号。在 TCP/IP 协议栈中，端口号是 0~65535 之间的整数。

客户程序使用端口号定义它们自己，这个端口号由运行在客户主机上的 UDP 软件随机选取。这种端口号叫作短暂端口号。

服务器端的应用程序进程也必须用一个端口号来定义自己。但这个端口号不能随机选取。如果在这个服务器上运行服务器程序，并指派一个随机数作为其端口号，那么在客户端想接入这个服务器并使用其服务器的进程时，将不知道这个端口号，无疑，访问需要更多的开销。TCP/IP 决定让服务器使用全局端口号：这样的端口号叫作熟知端口号。

IANA 将端口号划分为 3 个范围——熟知的、注册的和动态的(或私有的)。

熟知端口 0~1023：由 IANA 指派和控制，这些叫作熟知端口。

注册端口 1024~49151：IANA 不指派也不控制。它们只能在 IANA 注册以防止重复。

动态端口 49152~65535：既不指派也不注册。它可以由任何进程来使用，是临时的端口。

5)　TCP/IP 协议中使用的地址

使用 TCP/IP 协议栈的互联网有 3 个等级的地址：物理(链路)地址、互联网(IP)地址以及端口地址，每一种地址都对应着 TCP/IP 体系结构中的特定层。

(1)　物理地址：物理地址也叫作链路地址或 MAC 地址，是节点的地址，它由所在的局域网或广域网定义。物理地址包含在数据链路层使用的帧中。物理地址是最低级的地址。

物理地址用于直接管理网络(局域网或广域网)。这种地址的长度和格式是可变的，取决于网络。例如，以太网使用可卸载网络接口卡(NIC)上的 6 字节(48 位)的物理地址。

(2)　Internet 地址(IP 地址)：Internet 地址对于通用的通信服务是必需的，这种通信服务与底层的物理网络无关。在互联网的环境中，仅使用物理地址是不合适的，因为不同的网络可以使用不同的地址格式。因此，需要一种通用的编制系统，来唯一标示每一个主机，而不管底层是使用什么样的物理网络。

Internet 地址就是为此目的而设计的。目前，Internet 的地址分为 IPv4 和 IPv6 两种，IPv4 是 32 位地址，可以用来表示连接在 Internet 上的每一个主机。在 Internet 上没有 2 个主机具有同样的公网 IP 地址。

(3) 端口地址：对于从源主机将许多数据传送到目的主机来说，IP 地址和物理地址是必须使用的。但是，到达目的主机并不是 Internet 上进行数据通信的最终目的。一个系统若只能从一台计算机向另一台计算机发送某种规定类型的数据，则会失去意义。今天的计算机是多进程的设备，可以在同一时间运行多个进程。Internet 通信的最终目的，是使一个进程能够与另一个进程通信。例如，计算机 A 能够与计算机 B 使用 Telnet 进行通信。与此同时，计算机 A 还与计算机 C 采用 FTP 通信。为了能够同时发生这些事情，我们需要一种方法为不同的进程打上标记。换言之，这些进程需要有地址。在 TCP/IP 体系结构中，给一个进程指派的标号叫作端口地址。TCP/IP 中的端口地址为 16 位长。

1.1.3 IP 地址的使用

MAC 地址是网络设备及网卡在出厂时就烧录确定的，在工作中一般也是不可改变的，但 IP 地址却是终端上网之前才设定的，因此必须有一个设定规则。本小节就讨论怎样给终端设定 IP 地址才能保证通信网络正常运行。

网络通信的概念很像人类社会生活的社区化，每一个城市都坐落于某一地理位置(这相当于一个网络)，不同的城市之间由公路、铁路、航空等交通设施相连(这相当于网络之间的链路)，每一个城市又分成若干个小区(这相当于网络技术中的子网)。为了通信的需要，现在到了给它们取没有歧义名字的时候了。

就以现实世界中的小例子来说明这一问题。某一地名叫"双沟"，这是合理的，但你不能简单地说"把货物送到双沟"，因为仅以江苏省苏北地区为限，就存在淮安市洪泽县的双沟，宿迁市泗阳县的双沟和徐州市铜山县的双沟。这样的重名和命令中的歧义性，使得递送货物的操作无法实现。

网络通信中也是一样，由于这里的信息送达依据是 IP 地址，因此保证 IP 地址与网络及终端的一一对应关系显得格外重要。

在计算机网络的学习过程中，我们知道了 IP 地址(V4 版)被分成了 A、B、C、D、E 五大类，这相当于把地址分成大小不等的许多个区域，以满足不同规模的城市对地址的需求。注意这只是一个类比，或者说，作为工程技术人员的你可以采用这一规则进行地址分配，Internet 的整个地址分配由于起初互连的随机性和地域发展不平衡性，总体 IP 地址的分配并不是严格规范的。

建设一个网络总是需要一定数量的 IP 地址，现在我们可以把获取的一个 IP 地址段看成是给一个城市命名用的，为了让 IP 地址使用更加规范高效，一般情况下会对其做进一步的子网划分，这就是所谓的可变长子网掩码(VLSM)。

在上面关于现实生活递送货物的例子中，如果我们说清楚了是送往"江苏省洪泽县的双沟"，问题就解决了。在计算机网络中传递信息时，也要清楚地表述目的地址属于哪一个网络，只有这样，网络中的设备才能将数据准确送达。

先看一个 IP 地址 210.29.226.85，这是作者个人办公用计算机的网络地址，它属于哪一个网段呢(类似于现实生活中位于哪个城市)?

如果是按经典的 IPv4 划分,它属于 210.29.226.0 这个网络。

可能有人仍不明白,没关系,这只是一个命名规定,用多了就明白了。就像我们看很多外国地名不明白一样,用多了也就习惯了,这其实就是一个习惯问题。

计算机和网络设备为了标识具体 IP 地址的网络归属,采用了另外一个数字串,叫掩码,此例中采用的就是经典的 C 类 IP 地址的掩码 255.255.255.0,在计算机及相关设备里,这一串数字被描述成一个二进制串 11111111111111111111111100000000。

当然,在计算机及设备中,IP 地址也会被描述成二进制串,210.29.226.85 转换成二进制就成了 11010010000111011110001001010101,十进制 IP 地址中的点(.)对于计算机和设备是没有意义的,只是为了人类阅读更方便。将两个二进制串相与,得到一个数字串,就是 IP 地址对应的网络号,也称为网络标识:

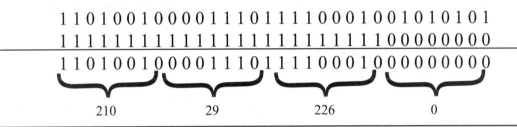

知识要点: 网络标识符

不论何时,用相应子网掩码与出的地址都是网络标识符,也叫网络号。

同样的例子,当子网掩码变成 255.255.255.192 时,IP 地址 210.29.226.85 所处的网段就发生变化了。此掩码的二进制串是 11111111111111111111111111000000,跟地址对应的二进制串相与,结果如下:

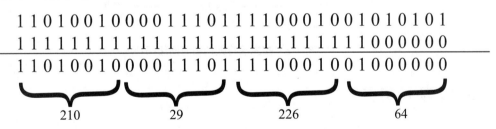

可见,同样的 IP 地址 210.29.226.85,当掩码为 255.255.255.0 时它属于 210.29.226.0 网络;而当掩码为 255.255.255.192 时,它属于 210.29.226.64 网络,掩码的作用就在于此,我们可以通过使用合适的掩码,将网络合理地进行规划和进一步划分。

1.1.4　局域网中的网关

在引言的图 6 界面中,我们给一台计算机终端配置了 IP 地址,但其后还有一个"默认网关"是空着的,这是一个相当重要的概念,在网络工程中一定要理解清楚。网关可以认为是一个局域网的出口，或者说未知通信对象的默认送达地。在同一个局域网中，所有的通信对象都属于同一网络(或网段)，它们相互之间是通过广播了解通信路径的(请复习 ARP 协议)，但要是送到外网，广播就无能为力了，必须通过三层设备进行路由，但前提是数据能够准确送到三层设备，所以设定了一个"网关"，确保出网络数据能够到达三层设备，以便进一步传送。

1.2　情境训练：招生临时网络的构建

1.2.1　网络规划

这个案例非常简单，没有太多的规划工作，给出一个适合的拓扑结构，如图 1-2 所示。

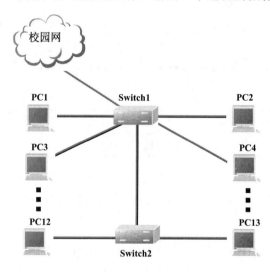

图 1-2　招生接待处的临时网络拓扑

1.2.2　项目实施

从校园网最近的设备上拉一根双绞线到本地的交换机 Switch1，由于现在交换机的接口数都比较多，13 台计算机终端一般够用(各系占 8 台，外加 5 台)，但如果考虑位置关系不好处理，比如位置太远造成线缆太长，或是位置重叠造成线缆太乱，则可以用多台交换机。

拓扑连接完成以后，将每台终端的 IP 地址设置正确，比如说，第一台 IP 地址设为210.29.226.254、第二台设为 210.29.226.253，以此类推。

子网掩码均设为 255.255.255.0，网关设为本网段的网关，比如 210.29.226.1。

正确设置 DNS 后，网络就可以正常工作了。

1.3　知　识　拓　展

1.3.1　交换机的工作原理

在一个局部的地理范围内(如一个学校、工厂和机关内)，将各种计算机、外部设备和数据库等互相连接起来组成的计算机通信网，简称局域网(LAN)。要扩展局域网的规模，就需要用通信线缆连接更远的计算机设备，但当信号在线缆中传输时会受到干扰，产生衰减。如果衰减到一定的程度，信号将不能识别，计算机之间将不能通信。必须使信号保持原样，继续传播才有意义。

当我们安装一个局域网而物理距离又超过了线路的规定长度时，就可以用中继器进行延伸；中继器可以在收到一个网络的信号后，将其放大发送到另一网络，从而起到连接两个局域网的作用。

1. 集线器

由于中继器的连接端口少，因此一种多端口的集线器设备应运而生。集线器也称为Hub，是一种集中完成多台设备连接的专用设备，提供了检错能力和网络管理等有关功能。

局域网早期使用的连接设备是集线器，集线器是中继器的一种形式，区别在于，集线器能够提供多端口的服务，也称为多口中继器。集线器工作在 OSI/RM 中的物理层。

集线器产品发展较快，局域网集线器通常分为五种不同的类型，它对 LAN 交换机技术产生了很多直接的影响，但随着交换技术的发展，集线器产品也基本消失在历史的进程中。

1)　单中继网段集线器

在硬件平台中，第一类集线器是一种简单的中继 LAN 网段，最好的例子是叠加式以太网集线器或令牌环网多站访问部件(MAU)。某些厂商试图在可管理集线器和不可管理集线器之间划一条界线，以便进行硬件分类，但这种考虑后来证明是不切实际的，因为他们忽略了网络硬件本身的核心特性，即它实现什么功能，而不是如何简易地配置它。

2)　多网段的集线器

多网段的集线器是第一类集线器直接派生而来的，采用集线器背板，这种集线器带有多个中继网段，多网段集线器通常是有多个接口卡槽位的机箱系统。然而，一些非模块化叠加式集线器现在也支持多个中继网段。多网段集线器的主要技术优点是可以将用户分布于多个中继网段上，以减少每个网段的信息流量负载，网段之间的信息流量一般要求有独立的网桥或路由器。

3)　端口交换式集线器

端口交换式集线器是在多网段集线器基础上将用户端口的多个背板网段之间的连接过程自动化，并通过增加端口交换矩阵(PSM)来实现的。PSM 提供一种自动工具，用于将任何外来用户端口连接到集线器背板上的任何中继网段上。这一技术的关键是"矩阵"，一个矩阵交换机是一种电缆交换机，它不能自动操作，要求用户介入。它不能代替网桥或路由器，并不提供不同 VLAN 网段之间的连接性，其主要优点是实现移动、增加和修改的自动化。

4) 网络互连集线器

端口交换集线器为主动端口交换，而网络互联集线器在背板的多个网段之间实际上提供了一些类型的集成连接。这可以通过一台综合网桥、路由器或 LAN 交换机来完成。

5) 交换式集线器

到了集线器发展的后期，集线器和交换机之间的界限已变得模糊。交换式集线器有一个核心交换式背板，采用一个纯粹的减缓系统代替传统的共享介质中继网段。应该指出，集线器和交换机之间的特性几乎没有区别。

2. 交换机

1993 年，局域网交换设备出现；1994 年，国内掀起了交换网络的热潮。其实，交换机是一种具有监护功能的低价格、高性能和高端口密集度特点的交换产品，体现了桥接技术的复杂交换技术在 OSI 参考模型的第二层操作。

与网桥一样，交换机按每一个包中的 MAC 地址，相对简单地决策信息转发，而这种转发决策一般不考虑包中隐藏更深的其他信息。与网桥不同的是，交换机转发延迟很小，远远超过了普通桥接互联网络之间的转发性能。

1) 交换技术的特点

交换技术允许共享型和专用型的局域网段进行宽带调整，以减轻局域网之间信息流通出现的瓶颈问题。以太网、快速以太网、FDDI 和 ATM 技术都有相应的交换产品，但随着以太网技术的成熟，已经形成了大一统的局面。

类似传统网桥，交换机提供了许多网络互联功能。同时，还提供了交互及将网络分成多个小的冲突域，为每个工作站提供更高的带宽。协议的透明性使得交换机在软件配置简单的情况下可直接安装于多协议网络中；交换机使用现有的电缆、中继器、集线器和工作站网卡，不必做高层硬件升级；交换机对工作站来说好像不存在一样，这样管理开销低廉，简化了网络节点增加、移动和网络变化的操作。

利用专门设计的集成电路，可使交换机以线路速率在所有的端口并行转发信息，提供了比传统网桥高得多的操作性能。如理论上，单个以太网对含有 64 个八进制数的数据包，可提供 14880b/s 的传输速率。这意味着一台具有 12 个端口、支持 6 道并行数据流的“线路速率”以太网交换机必须提供 89280b/s 的总吞吐率(6 道信息流×14880bits/s/道信息流)。

专用集成电路技术使得交换机可在更多端口的情况下以上述性能运行，其端口造价低于传统型网桥。

局域网交换机根据使用的网络技术，可以分为以太网交换机、令牌环交换机、FDDI 交换机、ATM 交换机、快速以太网交换机。

2) 二层交换技术

二层交换技术发展比较成熟，二层交换机属于数据链路层设备，可以识别数据包中的

MAC 地址信息,并将这些 MAC 地址与对应端口记录在自己内部的一个地址表中(就是俗称的 MAC 地址表),根据 MAC 地址表进行转发。具体工作流程如下。

(1) 当交换机从某个端口收到一个数据包时,它先读取包头中的源 MAC 地址,这样它就知道源 MAC 地址的机器是连在交换机的哪个端口上,从而产生 MAC 地址和端口一一对应的 MAC 地址表。

(2) 再去读取包头中的目的 MAC 地址,并根据 MAC 地址表查找相应的转发端口。

(3) 如表中有与该目的 MAC 地址相对应的表项,把数据包直接复制到相应的端口上。

(4) 如果从表中找不到对应的表项,则把数据包广播到所有端口上。当目的终端对源终端回应时,交换机可以学习到此目的 MAC 地址与哪个端口对应,下次再有向这一目的端口发送的数据时,就不再需要对所有端口进行广播了。

不断循环这个过程,对于全网的 MAC 地址信息都可以学习到,二层交换机就是这样建立和维护它自己的地址表的。

从二层交换机的工作原理,可以总结出以下三点。

第一,由于交换机对多数端口的数据进行同时交换,这就要求具有很宽的交换总线带宽,如果二层交换机有 N 个端口,每个端口的带宽是 M,交换机总线带宽超过 N×M,那么,该交换机就可以实现线速交换。

第二,学习端口连接终端的 MAC 地址信息,写入地址表。地址表的大小(一般有两种表示,即 Beffer RAM 和 MAC 表项数值)会影响交换机的接入容量。

第三,一般来说,二层交换机都配有专门用于处理数据包转发的 ASIC(Application Specific Integrated Circuit)芯片,因此,转发速度可以做到非常快。由于各个厂家使用的 ASIC 不同,产品的性能会受到直接的影响。

3) 交换机与集线器的区别

集线器存在的主要问题是其所有用户共享带宽,每个用户的可用带宽随着接入用户数的增加而减少。这是因为当通信比较繁忙时,多个用户可能同时争用信道,而信道在某一时刻只允许一个用户占用,故大量的用户经常处于侦听等待状态,这样会严重影响数据传输效率。

交换机则为每个用户提供专用的信息通道,除了多个源端口企图同时将信息发送到同一个目的端口的情况外,各个源端口与其他目的端口之间可同时进行通信而不会发生冲突,从而可提高数据传输效率。因此,我们也说交换机的每一个端口就是一个冲突域。

1.3.2　交换机的基本配置

对于一般的交换机,我们买回来后直接就可以使用了,但如果你想要划分内网、关闭某个端口什么的,这时就需要对其进行一些配置工作了。要配置就得登录,常见的登录方式有三种:通过 Console 端口直接连接登录、通过 Telnet 方式登录、通过 Web 浏览方式登录。下面主要涉及前两种方式。

这里我们要掌握交换机的基本配置方法及命令行各种操作模式的区别，并能够在各种模式之间进行切换。

交换机的管理方式基本分为两种：带内管理和带外管理。

通过交换机的 Console 口管理交换机属于带外管理，不占用交换机的网络接口，其特点是需要使用配置线缆，近距离配置。需要注意的是，第一次配置交换机时，必须利用 Console 端口进行配置，而在实际工程中这种方式也较多。

另一种方式叫带内管理，这是采用将控制信息从数据端口传入的方式完成的，网络维护工作中则较多使用这种方法。

通常，在交换机买回来第一次进行配置时，都采用通过 Console 端口直接连接登录的方式。首先找到交换机自带的 Console 端口与计算机串口的连接线，然后将两端分别连接到交换机的 Console 控制端口与计算机的串口上。

> **小提示**：有些交换机并不带有这根连接线，那么我们需要自己制作一根这样的连接线，制作时，主要是注意跳线的规则，而这一般在交换机的说明书中都有详细的说明。

通过如下操作来调用 Telnet 工具。

(1) 打开交换机电源，启动好计算机，依次单击"开始"→"程序"→"附件"→"通信"→"超级终端"，打开"超级终端"程序。

> **小提示**：如果没有看到"超级终端"程序，则可以通过"控制面板"→"添加/删除程序"→"添加/删除 Windows 组件"把该程序安装上。

(2) 系统自动弹出建立新连接的对话框，在名称栏输入一个连接名称(如"3COM")，单击"确定"按钮。

(3) 在"连接时使用"下拉列表框中选择与交换机相连的计算机的串口，单击"确定"按钮，弹出如图 1-3 所示的对话框。

图 1-3   "COM1 属性"对话框

(4) 在"每秒位数"(即波特率)下拉列表框中选择 9600，因为这是串口的最高通信速率，其他各选项都采用默认值，单击"确定"按钮，如果通信正常的话，就会出现类似于如图 1-4 所示的界面了，然后就可以大显身手，对交换机进行一番配置了。

图 1-4 仿真终端连接正常

在交换机的命令行界面下又分为多种操作模式，主要包括用户模式、特权模式、全局配置模式、端口模式等几种。

- 用户模式：这是进入交换机后得到的第一个操作模式，该模式下可以简单查看交换机的软、硬件版本信息，并进行简单的测试。

  用户模式提示符一般为 switch>。

- 特权模式：这是由用户模式进入的下一级模式，该模式下可以对交换机的配置文件进行管理，查看交换机的配置信息，进行网络的测试和调试等。

  特权模式提示符一般为 Switch#。

- 全局配置模式：这属于特权模式的下一级模式，该模式下可以配置交换机的全局参数(如主机名、登录信息等)。在该模式下，可以进入下一级的配置模式，对交换机的具体功能进行配置。

  全局模式提示符一般为 Switch(config)#。

- 端口模式：这属于全局模式的下一级模式，该模式下可以对交换机的端口进行参数配置。

  端口模式提示符一般为 Switch(config-if)#。

任一特定的操作只能在某一特定的模式下完成，在命令行状态下，这些模式是可以相互转换的，进入和退出都有相应的命令，其中退出的常用命令如下：Exit 命令，是退回到上一级操作模式；End(或^Z)命令是指用户从特权模式以下级别直接返回到特权模式。

另外，交换机命令行还支持获取帮助信息、命令的简写、命令的自动补齐、快捷键功能等。

1.4 操 作 练 习

操作与练习 1-1　交换机命令行操作模式的进入

```
Switch> enable                                    !进入特权模式
Switch#
Switch# configure terminal                        !进入全局配置模式
Switch(config)#
Switch(config)# interface fastEthernet 0/5        !进入交换机 F0/5 的接口模式
Switch(config-if)#
Switch(config-if)# exit                           !退回到上一级操作模式
Switch(config)#
Switch(config)# end                               !直接退回到特权模式
Switch#
```

请您注意：这样的练习是以后学习的基础，要反复操作，越熟悉越好。

操作与练习 1-2　交换机命令行的基本功能

① 显示帮助信息：

```
Switch>?    !显示当前模式下所有可执行的命令
   disable          Turn off privileged commands
   enable           Turn on privileged commands
   exit             Exit from the EXEC
   help             Description of the interactive help system
   ping             Send echo messages
   rcommand         Run command on remote switch
   show             Show running system information
   telnet           Open a telnet connection
   traceroute       Trace route to destination

Switch# co?    !显示当前模式下所有 co 开头的命令
configure       copy
Switch# copy ?
   flash:           Copy from flash: file system
   running-config   Copy from current system configuration
   startup-config   Copy from startup configuration
   tftp:            Copy from tftp: file system
   xmodem           Copy from xmodem file system
```

② 命令的简写：

```
Switch# conf ter    !交换机命令行支持命令的简写，该命令代表 configure terminal
Switch(config)#
```

③　命令的自动补齐:

```
Switch# con  (按键盘的 Tab 键自动补齐 configure)  !交换机支持命令的自动补齐
Switch# configure
```

④　命令的快捷键功能:

```
Switch(config-if)# ^Z   !Ctrl+Z 退回到特权模式
Switch# ping 1.1.1.1
Sending 5, 100-byte ICMP Echos to 1.1.1.1,
timeout is 2000 milliseconds.
...
Switch#
```

例如,上面在交换机特权模式下执行 ping 1.1.1.1 命令,发现不能 ping 通目标地址,交换机默认情况下需要发送 5 个数据包,如不想等到 5 个数据包均不能 ping 通目标地址的反馈出现,可在数据包未发送 5 个之前,通过按 Ctrl+C 组合键终止当前操作。

【注意事项】

①　命令行操作进行自动补齐命令简写时,要求所简写的字母必须能够唯一区分该命令。如 Switch# conf 可以代表 configure,但 Switch# co 无法代表 configure,因为 co 开头的命令有两个,即 copy 和 configure,设备无法区分。

②　注意区分每个操作模式下可执行的命令种类,交换机不可以跨模式执行命令。

操作与练习 1-3　交换机设备名称和每日提示信息的配置

①　配置交换机基本信息:

```
Switch> enable
Switch# configure terminal
Switch(config)# hostname 105_switch    !配置交换机的设备名称为 105_switch
105_switch(config)#

105_switch(config)# banner motd &   !配置每日提示信息,&为终止符
2006-07-24 02:37:54 @5-CONFIG:Configured from outband
Enter TEXT message. End with the character '&'.
Welcome to 105_switch, if you are admin, you can config it.
If you are not admin, please EXIT!      !输入描述信息
&                              !以&符号结束并终止
```

②　验证测试:

```
105_switch(config)# exit
105_switch# exit
Press RETURN to get started!
Welcome to 105_switch, if you are admin, you can config it.
If you are not admin, please EXIT!
```

```
105_switch>
```

【注意事项】

① 配置设备名称的有效字符是 22 个字节。

② 配置每日提示信息时，注意终止符不能在描述文本中出现。如果键入结束的终止符后仍然输入字符，则这些字符将被系统丢弃。

操作与练习 1-4　交换机端口参数的配置

① 配置端口参数：

```
Switch> enable
Switch# configure terminal
Switch(config)# interface fastEthernet 0/3     !进入 F0/3 的端口模式
Switch(config-if)# speed 10      !配置端口速率为 10Mb/s
Switch(config-if)# duplex half      !配置端口的模式为半双工
Switch(config-if)# no shutdown   !开启该端口，使端口转发数据
```

配置端口速率的参数有 100(100Mb/s)、10(10Mb/s)、auto(自适应)，默认是 auto。配置模式有 full(全双工)、half(半双工)、auto(自适应)，默认是 auto。

② 查看交换机端口的配置信息：

```
Switch# show interfaces fastEthernet 0/3
Interface  : FastEthernet100BaseTX 0/3
Description :
AdminStatus : up    !查看端口的状态
OperStatus : down
Hardware   : 10/100BaseTX
Mtu        : 1500
LastChange : 0d:1h:0m:28s
AdminDuplex : Half       !查看配置的模式(半双工)
OperDuplex : Unknown
AdminSpeed : 10      !查看配置的速率
OperSpeed  : Unknown
FlowControlAdminStatus : Off
FlowControlOperStatus  : Off
Priority   : 0
Broadcast blocked         :DISABLE
Unknown multicast blocked :DISABLE
Unknown unicast blocked   :DISABLE
```

【注意事项】

交换机端口在默认情况下是开启的，AdminStatus 是 Up 状态，如果该端口没有实际连接其他设备，OperStatus 是 down 状态。

操作与练习 1-5　查看交换机的端口参数和配置状态

```
Switch> enable
Switch# configure terminal
Switch(config)# hostname 105_switch
105_switch(config)# interface fastEthernet 0/3
105_switch(config-if)# speed 10
105_switch(config-if)# duplex half
105_switch(config-if)# no shutdown

105_switch# show version   !查看交换机的版本信息
System description    : Red-Giant Gigabit Intelligent Switch(S2126G) By
                        Ruijie Network    !系统描述信息
System uptime         : 0d:1h:7m:57s
System hardware version : 3.3      !设备硬件版本信息
System software version : 1.61(2) Build Aug 31 2005 Release
System BOOT version    : RG-S2126G-BOOT  03-02-02
System CTRL version    : RG-S2126G-CTRL  03-08-02   !操作系统版本信息
Running Switching Image : Layer2

105_switch# show mac-address-table       !查看交换机的 MAC 地址表

Vlan        MAC Address           Type       Interface
----------  --------------------  --------   --------------------

105_switch# show running-config      !查看交换机当前生效的配置信息

System software version : 1.61(2) Build Aug 31 2005 Release

Building configuration...
Current configuration : 252 bytes

!
version 1.0
!
hostname 105_switch      !配置的主机名
vlan 1
!
interface fastEthernet 0/3   !针对 F0/3 端口配置的参数
 speed 10
 duplex half
!
banner motd ^C
Welcome to 105_switch, if you are admin, you can config it.
If you are not admin, please EXIT!
```

```
^C
!
end
```

【说明】

查看交换机的系统和配置信息命令要在特权模式下执行。

Show mac-address-table：查看交换机当前的 MAC 地址表信息。

Show running-config：查看交换机当前生效的配置信息。

注：该操作使用两台主机，其中一台用于配置交换机，另一台主机的网卡与交换机的 F0/3 接口相连。注意查看主机连接在交换机的哪个端口，针对该端口进行参数的设置。该试验建立在交换机端口基本配置的基础上。

【注意事项】

Show mac-address-table、show running-config 都是在查看当前生效的配置信息，该信息存储在 RAM(随机存储器里)，当交换机掉电，重新启动时，会重新生成 MAC 地指表和配置信息。

1.5　项目总结

根据前面的情境描述，学院有 8 个系，都要有自己的接待点，再加上财务处、招生处、学工处、团委和院领导，如果每个部门分配一个 IP 地址，则该局域网节点数需要不少于 13 个，找到 2^X-2 大于 13 的最小整数(X=4)，这时能够直接应用的 IP 地址为 $2^4-2=14$(个)。取一个暂时没有应用的网段，比如 210.29.226.240 ~ 210.29.226.254 这段地址暂时没用，我们可以用"/28"的掩码(也就 32 位二进制串的前面 28 位是 1，刚才计算机设备位需要 4 位)，转换成点分十进制数，就是 255.255.255.240。

当一台计算机终端需要向另一台计算机终端发送数据时，就可以通过中心设备转发，这种方式在网络维护方面比较容易，去除掉问题终端时不会影响其他终端通信，在网络扩展上也有其他方式不可比拟的优越性，随时在交换机上插上一台新终端，就可以参与网络通信。这种模式被称为"网络标准化"，不论是从理念上，还是从工程上，都使网络连接变得简单而且高效。

现在大部分局域网都是用双绞线作为传输介质，一般我们还会在局域网组建项目中采用三层构架，即接入层、汇聚层和核心层。这样的架构可以大大降低局域网组建和维护工作的复杂度，究其原因，也是分层带来的好处。

接入层就是连接局域网内各终端机的系统，汇聚层是连接接入层的系统，而核心层则是整个局域网的汇总和出口处。

如果你只是想简单地实现双机互联，就用交叉双绞线直接连接两台计算机，并把它们的 IP 地址设在同一网段内，把来宾账户打开，简单地共享文件夹或者打印机就行了。

要是你有 10 台以下的计算机，买个小点的交换机，用双绞线连接各终端和交换机，把 IP 地址设在同一网段，也就完成了一个对等网络的搭建。

本项目的实施过程中还有一个操作，就是要将交换机连接到一个和外网相通的路由器上，并将该路由器与交换机连接端口的 IP 地址指定为各台计算机终端的网关，也就是出局域网的各类信息都被默认地传输到这一端口，由路由器处理。

1.6　理　论　练　习

选择填空，选择一个最好的答案。

(1) 考虑线序的问题，主机和主机直连应该用(　　)线序的双绞线连接。

　　A.　直连线　　　　B.　交叉线　　　　C.　全反线　　　　D.　各种线均可

(2) OSI 是由(　　)机构提出的。

　　A.　IETF　　　　B.　IEEE　　　　C.　ISO　　　　D.　INTERNET

(3) 屏蔽双绞线(STP)的最大传输距离是(　　)。

　　A.　100 米　　　B.　185 米　　　C.　500 米　　　D.　2000 米

(4) 在 OSI 的七层模型中，集线器工作在哪一层？

　　A.　物理层　　　B.　数据链路层　　　C.　网络层　　　D.　传输层

(5) 下列哪些属于工作在物理层的网络设备？

　　A.　集线器　　　B.　中继器　　　C.　交换机　　　D.　路由器

　　E.　网桥　　　　F.　服务器

(6) 网络按通信范围分为(　　)。

　　A.　局域网、城域网、广域网　　　　　B.　局域网、以太网、广域网

　　C.　电缆网、城域网、广域网　　　　　D.　中继网、局域网、广域网

(7) Internet 中使用的协议主要是(　　)。

　　A.　PPP　　　　　　　　　　　　　B.　IPX/SPX 兼容协议

　　C.　NetBEUI　　　　　　　　　　　D.　TCP/IP

(8) IEEE 802.3 标准规定的以太网的物理地址长度为(　　)。

　　A.　8bit　　　　B.　32bit　　　　C.　48bit　　　　D.　64bit

(9) 关于集线器的叙述中，错误的是(　　)。

　　A.　集线器是组建总线型和星型局域网不可缺少的基本设备

　　B.　集线器是一种集中管理网络的共享设备

　　C.　集线器能够将网络设备连接在一起

　　D.　集线器具有扩大网络范围的作用

(10) 制作双绞线的 T568B 标准的线序是(　　)。

    A.　橙白、橙、绿白、绿、蓝白、蓝、棕白、棕

    B.　橙白、橙、绿白、蓝、蓝白、绿、棕白、棕

    C.　绿白、绿、橙白、蓝、蓝白、橙、棕白、棕

    D.　以上线序都不正确

(11) 理论上讲，100Base-TX 星形网络最大的距离为(　　)米。

    A.　100　　　　　　B.　200　　　　　　C.　205　　　　　　D.　+∞

(12) 在组建网吧时，通常采用(　　)网络拓扑结构。

    A.　总线型　　　　B.　星型　　　　　C.　树型　　　　　D.　环形

(13) 使用特制的跨接线进行双机互联时，以下(　　)说法是正确的。

    A　两端都使用 T568A

    B.　两头都使用 T568B

    C.　一端使用 T568A 标准，另一端使用 T568B

    D.　以上说法都不对

(14) OSI 模型的(　　)负责产生和检测电压，以便收发携载数据的信号。

    A.　传输层　　　　B.　会话层　　　　C.　表示层　　　　D.　物理层

(15) 某公司申请到一个 C 类网络，由于有地理位置上的考虑，必须切割成 5 个子网，则子网掩码要设为(　　)。

    A.　255.255.255.224　　　　　　B.　255.255.255.192

    C.　255.255.255.254　　　　　　D.　255.285.255.240

情境 2　控制交换网络中的广播流量

情 境 描 述

在上一案例的使用过程中，发现一个棘手的问题，就是网络性能不是很好，在一些装有防火墙的终端计算机上还会不时地看到 ARP 攻击，新生接待工作是新生及家长第一次了解和接触学校，直接关系到形象和影响，必须改造网络，以保证接待工作的稳定高效。

2.1　知 识 储 备

学习情境 2 时，必须理解的一些基本理念有：网络中很多时候需要广播；广播域的大小必须适当，否则会影响网络的通信效率；任何时候都必须避免广播风暴的产生和蔓延。

2.1.1　网络中的广播数据

一个数据帧或数据包被传输到本地网段上的每个节点的操作方式就是广播。

在实际应用中，由于查询、通知等网络通信方式的需求，可能会发送一些数据包，要求它们到达一定区域范围内的每个节点(比如下面将要用到的 ARP 协议)，这个可传送范围就称为广播域。

1. ARP 协议及 ARP 攻击

计算机网络通信实际使用的是 IP 地址，网卡所能识别的是数据中的物理地址，通过将物理地址封装在帧结构中，帮助网卡完成转发的工作。众所周知，计算机发送数据时都是以 IP 地址为目标依据的，在终端完成初始化时，没有一台计算机知道其他终端的 MAC 地址，所以确定 IP 地址和物理地址(即 MAC 地址)的对应关系就显得极为重要，这在局域网中是通过 ARP 协议来完成的。根据这一原理，有人就试图通过伪造 IP 地址和 MAC 地址的对应关系实现 ARP 欺骗，这一操作能够在网络中产生大量的 ARP 通信量，使网络阻塞，所以深入理解 ARP 协议，对于网络的构建和维护有着十分重要的意义。

1)　什么是 ARP 协议

ARP 协议是 Address Resolution Protocol 的缩写，即地址解析协议。通过遵循该协议，只要我们知道了某台机器的 IP 地址，即可以通过 ARP 查询，来了解其物理地址。在 TCP/IP 网络环境下，每个主机都分配了一个 32 位的 IP 地址，这种互联网地址是在网际范围标识主机的一种逻辑地址。但当数据到达低层时，为了让报文在物理网络上传送，必须知道对方目的主机的物理地址。这样，就存在把 IP 地址变换成物理地址的地址转换问题。用以太网环境为例，为了正确地向目的主机传送报文，必须把目的主机的 32 位 IP 地址转换成为 48 位以太网的地址。这就需要在互连层有一组协议，将 IP 地址转换为相应的物理地址，这组协议就是 ARP 协议。

2) ARP 协议的工作原理

在每台安装有 TCP/IP 协议的电脑里都有一个 ARP 缓存表，表里的 IP 地址与 MAC 地址是一一对应的，当然，在没有进行任何通信时，这张表是空的。

假设局域网里面有四台主机，如图 2-1 所示。

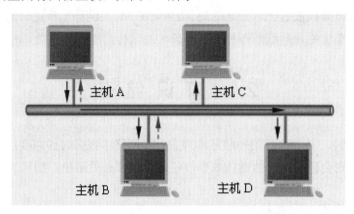

图 2-1　ARP 工作原理

主机 A：IP 地址为 192.168.0.1，MAC 地址为 12-34-56-78-90-00。

主机 B：IP 地址为 192.168.0.2，MAC 地址为 12-34-56-78-90-01。

主机 C：IP 地址为 192.168.0.3，MAC 地址为 12-34-56-78-90-03。

主机 D：IP 地址为 192.168.0.4，MAC 地址为 12-34-56-78-90-04。

当主机 A 要和主机 B 进行通信的时候，主机 A 先查找自己机器上的 ARP 缓存，看看有没有主机 B 对应的 MAC 地址，如果有的话，直接传；如果没有的话，发送一个 ARP 请求包，具体的内容可以理解为：我是主机 A，我的 IP 是 192.168.0.1，我要跟 IP 地址为 192.168.0.2 的主机通信。我的 MAC 地址是 12-34-56-78-90-00，你的 MAC 地址是多少？这时，所有的主机都将会收到这个包。

当主机 B 收到主机 A 的 ARP 请求包之后，先把主机 A 的 IP 地址和 MAC 地址对应起来，保存在自己机器上的 ARP 缓存中，然后会给主机 B 回复一个 ARP 回复包，回复包的具体内容可以理解为：我是 192.168.0.2，我的 MAC 地址是 12-34-56-78-90-01。

当主机 A 收到主机 B 的 ARP 回复包之后，把主机 B 的 IP 地址和 MAC 地址对应起来保存在自己的 ARP 缓存中，此时，主机 A 就可以和主机 B 进行通信了。同时，它还更新了自己的 ARP 缓存表，下次再向主机 B 发送信息时，直接从 ARP 缓存表里查找就可以了。ARP 缓存表采用了老化机制，在一段时间过后，如果缓存表中的某一行一直没有使用，就可能会被删除，这样，可以大大减少 ARP 缓存表的长度，加快查询速度。

当主机 C 和主机 D 收到主机 A 的 ARP 请求包之后，只将主机 A 的 IP 地址和 MAC 地址对应起来，保存在自己机器上的 ARP 缓存中，而不回复。

ARP 请求包：ARP 请求包是广播包，广播的目的 MAC 地址为 FF-FF-FF-FF-FF-FF，当交换机接收到广播包时，会把这个包转发给所有端口上的主机。

ARP 回复包：ARP 回复包是单播包，目的 MAC 地址是刚才发送 ARP 请求包的机器的 MAC 地址。

3) ARP 攻击的工作原理

ARP 攻击就是通过伪造 IP 地址和 MAC 地址的对应关系实现 ARP 欺骗，能够在网络中产生大量的 ARP 通信量，使网络阻塞，攻击者只要持续不断地发出伪造的 ARP 响应包，就能更改目标主机 ARP 缓存中的 IP 地址和 MAC 地址的对应条目,造成网络中断或中间人攻击。

ARP 攻击主要存在于局域网网络中，局域网中若有一个人感染了 ARP 木马，则感染该 ARP 木马的系统将会试图通过"ARP 欺骗"手段截获所在网络内其他计算机的通信信息，并因此造成网内其他计算机的通信故障。

2. 冲突域和广播域

(1) 冲突域(物理分段)：连接在同一导线上的所有工作站的集合，或者说是同一物理网段上所有竞争同一带宽的节点集合，就是冲突域。这个域代表了冲突在其中发生并传播的区域，这个区域可以被认为是共享段。更直白地说，处于冲突域中的任意两个或两个以上节点，只要同时发送数据，必然引发冲突。

在 OSI 模型中,冲突域被看作是第一层的概念,连接同一冲突域的设备有集线器(Hub)、中继器(Repeater)或者其他进行信号简单复制的设备。

也就是说，用 Hub 或者 Repeater 连接的所有节点可以被认为是在同一个冲突域内，它不会划分冲突域。

而第二层设备(网桥、交换机)和第三层设备(路由器)都是可以划分冲突域的，当然，也可以连接不同的冲突域。

简单地说，可以将 Repeater、Hub 看成是一根线缆，而网桥等设备则可以被看成是一束线缆。

(2) 广播域：能够接收到同样广播消息的节点的集合，就是广播域。例如，在该集合中的任何一个节点传输一个广播帧，则所有其他能收到这个帧的节点都被认为是该广播域的一部分。由于许多设备都极易产生广播，所以如果不维护，就会消耗大量的带宽，降低网络的效率。由于广播域被认为是 OSI 中的第二层概念，所以像 Hub、交换机等第一、第二层设备连接的节点被认为是在同一个广播域中。而路由器、三层交换机则可以划分广播域，或者说可以连接不同的广播域。

通过讨论得知，广播域和冲突域是两个不同的概念，同一冲突域的节点一定属于同一个广播域，但反之则不然。如果需要时，一个广播域能够划分成多个冲突域，也可能只有一个冲突域，可以认为广播域从范围上讲是较大的概念。

> **知识库：广播风暴产生的原因**
>
> 一般情况下，产生网络广播风暴的原因，主要有以下几种。
>
> ① 网络设备原因：我们经常会有这样一个误区，交换机是点对点转发，不会产生广播风暴。在我们购买网络设备时，所购买的交换机通常是智能型的 Hub，却被奸商当作交换机来卖。这样，在网络稍微繁忙的时候，肯定就会产生广播风暴了。
>
> ② 网卡损坏：如果网络机器的网卡损坏，也同样会产生广播风暴。损坏的网卡，可能会不停地向交换机发送大量的数据包，产生了大量无用的数据包，当这些数据量超过了一定的极限时，就产生了广播风暴。由于网卡物理损坏引起的广播风暴，故障比较难于排除，由于损坏的网卡一般还能上网，只能借助于嗅探器(Sniffer)等局域网管理软件，来查看网络数据流量，以判断故障点的位置。
>
> ③ 网络环路：一个可能的案例是将一条双绞线的两端插在同一个交换机的不同端口上，网络风暴立即产生，网络性能急骤下降，网络不工作，打开网页都非常困难。这种故障，就是典型的网络环路。网络环路的产生，一般是由于一条物理网络线路的两端，同时接在了一台网络设备中。现在的交换机(不是 Hub)一般都带有环路检测功能。
>
> ④ 网络病毒：目前，一些比较流行的网络病毒，如 Funlove、震荡波、RPC 等，一旦有机器感染后，会立即通过网络进行传播。网络病毒的传播，会损耗大量的网络带宽，引起网络堵塞，引发广播风暴。

2.1.2 广播数据的隔离

广播所带来的问题：由于网络拓扑的设计和连接不当等问题，或其他原因，导致广播在网段内大量复制，传播数据帧，使得网络性能下降，甚至造成网络瘫痪。这就是广播风暴。可以说，广播给网络工作带来了很多方便和益处，但大量的、不加限制的广播也是相当有害的。因此，如何有计划、有意图地隔离广播，成为一个新的任务。

局域网作为当今网络不可或缺的组成部分，在网络应用中起着举足轻重的作用，但局域网内主机数的日益增加带来的冲突、带宽浪费、安全等问题，也在很大程度上限制了它的应用。

依据过去学习的网络通信知识，通过划分子网，可以隔离广播。但是，不同的子网间需要三层网络设备才能连接，这无形中增加了投入，在一般的局域网构建过程中不建议使用。本小节介绍的 VLAN 技术也可以解决这一问题，在二层上就能限制广播域的大小，由于其拥有良好的易用性，已经成为局域网技术的一个重要分支。

1. VLAN 概述

VLAN(Virtual Local Area Network)即虚拟局域网，它是一种将局域网内的二层设备逻辑地而不是物理地划分为一个个网段的技术。当然，这里的网段仅仅是逻辑网段的概念，而不是真正的物理网段。

VLAN 可以简单地理解为是在一个物理网络上按逻辑地址划分出来的逻辑网络。IEEE 在 1999 年颁布了用以标准化 VLAN 实现方案的 802.1Q 协议标准草案。

VLAN 相当于 OSI 参考模型第 2 层的广播域，能够将广播流量控制在一个 VLAN 内部。划分 VLAN 后，由于广播域的缩小，网络中广播包消耗带宽所占的比例大大降低，网络性能得到显著的提高。

可以根据网络用户的位置、作用、部门或者根据网络用户所使用的应用程序和协议进行分组，网络管理员通过控制交换机的每一个端口，来控制网络用户对网络资源的访问，同时，VLAN 和第三层、第四层的交换结合使用，能够为网络提供较好的安全措施。

在通信网络中，任何两个网络之间应该存在通信的可能，VLAN 作为不同的逻辑网段，当然也应该能通信(需要通过特定技术限制的除外)，不同 VLAN 之间的数据传输是通过第 3 层路由来实现的。因此，使用 VLAN 技术，结合数据链路层和网络层的交换设备，可搭建安全可靠的网络。VLAN 与普通局域网最基本的差异体现在：VLAN 并不局限于某一个网络或物理范围，VLAN 中的用户可以位于一个园区的任意位置，甚至位于不同的国家。这一点需要在后面的学习中细细地理解。

2. VLAN 产生的原因

VLAN 产生的原因主要有以下几个方面。

1)　基于网络性能的考虑

在传统的共享介质的以太网和交换式的以太网中，同一网段的所有用户都处在同一个广播域中，会引起网络性能的下降，浪费宝贵的带宽；而且对广播风暴的控制和网络安全只能在第三层的路由器上实现。在我们的案例中就是这样的，由于和学校的很多终端用户(所有网络地址为 210.29.226.X 的)处在同一局域网，所以就造成了网络性能下降及存在 ARP 攻击的问题。VLAN 是为了解决以太网的广播问题和安全性提出的一种协议，它在以太网帧的基础上增加了 VLAN 头，用 VLAN ID 把用户划分为更小的工作组，每个工作组就是一个虚拟局域网。虚拟局域网的好处是可以限制广播范围，并能够形成虚拟工作组，动态管理网络。基于交换机的虚拟局域网能够为局域网解决冲突域、广播域、带宽问题。提高网络的性能。

2)　基于安全因素的考虑

在企业或者校园的园区网络中，由于地理位置和部门的不同，而对网络中相应的数据和资源就有不同的访问权限要求，例如财务和人事部门的数据就不允许其他部门的人员看到或者侦听、截取到，以提高数据的安全性。那么，在普通二层设备上无法实现广播帧的隔离，只要人员在同一个基于二层的网络中，数据、资源就有可能不安全，利用 VLAN 技术限制不同工作组间的用户二层之间互访，这个问题就可以得到很好的解决。

3)　基于组织结构的考虑

VLAN 技术允许网络管理者将一个物理的 LAN 逻辑地划分成不同的广播域(或称虚拟 LAN，即 VLAN)，每个 VLAN 都包含一组有着相同需求的计算机工作站，与物理上形成的 LAN 有着相同的属性，但是，由于它是逻辑的而不是物理的划分，所以同一个 VLAN

内的各个工作站无须被放置在同一个物理空间里,只要按照不同部门划分虚拟网,这样就可以满足在大中小型企业和校园园区网中,避开地理位置的限制,实现组织结构的合理化分布。

> **知识理解:虚拟局域网**
>
> 虚拟局域网的划分很像我们日常课堂教学中的大班教学改变成小班化的例子。上课人太多、班级太大就容易听不清楚(冲突域大,有人讲话发生冲突的概率高),上课效率低(发生冲突后同样的概念要讲很多遍),不够安全等(有人捣乱管不过来)。

3. VLAN 标准(802.1Q)

在 1996 年 3 月,IEEE 802.1 Internet Working 委员会结束了对 VLAN 初期标准的修订工作。新标准进一步完善了 VLAN 的体系结构,统一了帧标记(Frame-Tagging)方式不同厂商的标签格式,并制订了相应的帧标记 802.1Q VLAN 标准。

IEEE 802.1Q 使用 48 字节的 TAG 头,包括 2 字节的 TPID(Tag Protocol Identifier)和 2 字节的 TCI(Tag Control Information),其中 TPID 是固定的数值 0X8100,表示该数据帧承载 802.1Q 的 Tag 信息。TCI 包含组件:3 位用户优先级;1 位 CFI(Canonical Format Indicator),默认值为 0;12 位 VID(VLAN Identifier),即 VLAN 标示符。并且可以最多支持 250 个 VLAN(VLAN1~ VLAN 4094),其中 VLAN1 是不能删除的默认 VLAN。

以太网帧结构如图 2-2 所示。

前导码	起始帧定界	目的 MAC	源 MAC	长度	数据	帧校验FCS
7 字节	1 字节	6 字节	6 字节	2 字节	46~1500 字节	4 字节

图 2-2　以太网帧结构

与之相比,图 2-3 是 IEEE 802.1Q 帧格式。

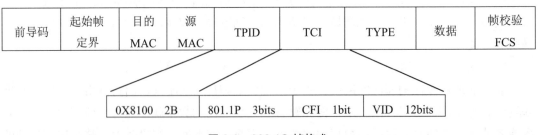

图 2-3　802.1Q 帧格式

> **重点提示:** 802.1Q 帧中的 FCS 为加入 802.1W 帧标记后重新利用 CRC 校验后的检测序列。

> **知识库:VLAN 的优点**
>
> ① 控制网络的广播风暴。
>
> 采用 VLAN 技术,可将某个交换端口划分到某个 VLAN 中,而一个 VLAN 的广播风暴不会影响其他 VLAN 的性能。

② 确保网络安全。

共享式局域网之所以很难确保网络的安全性，是因为只要用户插入一个活动端口，就能访问网络。而 VLAN 能限制个别用户的访问，控制广播组的大小和位置，甚至能锁定某台设备的 MAC 地址，因此 VLAN 能够确保网络的安全性。

③ 简化网络管理，能提高组网灵活性。

网络管理员能借助于 VLAN 技术轻松管理整个网络。例如，需要为完成某个项目建立一个工作组网络，其成员可能遍及全国或全世界，此时，网络管理员只需要设置几条命令，就能在几分钟内建立该项目的 VLAN 网络，其成员使用 VLAN 网络，就像本地使用局域网一样。

4．VLAN 的种类

下面将对现今业界公认的几种 VLAN 划分分别进行介绍。根据定义 VLAN 成员关系的方法的不同，VLAN 可以分为 6 种，依次为：

- 基于端口的(Port-based)VLAN。
- 基于协议的(Protocol-based)VLAN。
- 基于 MAC 层分组的(MAC-layer grouping)VLAN。
- 基于网络层分组的(Network-layer grouping)VLAN。
- 基于 IP 组播分组的 VLAN(IP multicast grouping)
- 基于策略的(Policy-based)VLAN。

1）　基于端口的 VLAN

基于端口的 VLAN 是划分虚拟局域网最简单，也是最有效的方法，它实际上是某些交换端口的集合，网络管理员只需要管理和配置交换端口，而不管交换端口连接说明设备。这种划分 VLAN 的方法，是根据以太网交换机的端口来划分，如将某一交换机的 3~8 端口作为 VLAN10，19~24 作为 VLAN20，这些属于同一个 VLAN 的端口可以不连续，而且同一 VLAN 还可以跨越数个以太网交换机。

根据端口划分，是目前定义 VLAN 最广泛的方法，IEEE 802.1Q 规定了依据以太网交换机的端口来划分 VLAN 的国际标准。这种划分方法定义 VLAN 成员时非常简单，只要将所有端口都只定义一下就可以了。它的缺点是，如果某 VLAN 的用户离开了原来的端口，到了一个新的交换机的某个端口，就必须重新定义。

Port VLAN 和 Tag VLAN：很多网络交换设备都对 VLAN 端口做了进一步的划分。如锐捷网络的交换设备上，VLAN 的分类依据端口的模式而分为 Port VLAN 和 Tag VLAN 两类，其实质可以理解为是基于端口的划分方式。因为在锐捷网络交换机上定义端口有两种模式：Access 和 Trunk。前者是该端口值只属于一个 VLAN 的，所属 VLAN 需要手工设置；后者则是该端口属于多个 VLAN，可以透明传输交换机上所有的 VLAN 的帧，作为跨交换机的相同 VLAN 内部传输数据的手段。Trunk 端口默认是属于交换机上所有 VLAN 的，也可以通过设置许可 VLAN 列表加以限制。

2) 基于协议的 VLAN

基于协议的 VLAN,是通过区分承载的数据所用的三层协议来确定 VLAN 成员。然而这需要工作在一个多类型协议的环境下;在一个以 IP 为基础的网络上,这种方法不是特别适用。

3) 基于 MAC 层分组的 VLAN

按 MAC 地址来划分 VLAN,实际上是将某些工作站和服务器分属于某个 VLAN。事实上,该 VLAN 是一些 MAC 地址的集合。

网络管理员需要管理和配置设备的 MAC 地址,这种划分 VLAN 的方法,最大的优点就是当用户物理位置移动时,即从一个交换机到其他交换机时,VLAN 不用重新配置,该方法的缺点是初始化时,所有用户都必须配置,如果有几百个甚至上千个用户的话,配置工作量是非常大的。而且这种划分的方法也导致了交换机执行效率的降低,因为在每一个交换机的端口都可能存在很多个 VLAN 组的成员,这样就无法限制广播包了。

另外,对于使用笔记本电脑的用户来说,他们的网卡可能经常更换,这样,VLAN 就必须不停地配置。

4) 基于网络层划分 VLAN

这种划分 VLAN 的方法,是根据每个主机的网络层地址或协议类型(如果支持多协议)划分的。虽然这种划分是依据网络地址,例如 IP 地址,但它不是路由,与网络层的路由毫无关系。它虽然查看每个数据包的 IP 地址,但是,由于不是路由,所以,没有 RIP、OSPF 等路由协议,而是根据生成树算法进行桥交换,优点是,当用户的物理位置改变时,不需要新配置所属的 VLAN,而且可以根据协议类型来划分 VLAN,这对网络管理者来说很重要,还有,不需要附加的帧标签来识别 VLAN,这样可以减少网络的通信量。这种方法的缺点是效率低,因为检查每一个数据包的网络层地址是需要消耗处理时间的。

5) 根据 IP 组播划分 VLAN

IP 组播实际上也是一种 VLAN 的定义,即认为一个组播就是一个 VLAN,这种划分的方法,将 VLAN 扩大到广域网,因此,这种方法具有更大的灵活性,而且也容易通过路由器进行扩展。当然,这种方法不适合局域网,主要是效率不高。

6) 基于策略的 VLAN

基于策略的 VLAN 是一种比较灵活的 VLAN 划分方法。该方法的核心,是采用什么样的策略来进行 VLAN 的划分。目前,常用的策略有以下几种(与厂商设备的支持有关)。

(1) 按 MAC 地址。

(2) 按 IP 地址。

(3) 按以太网协议类型。

(4) 按网络的应用。

5. VLAN 内及 VLAN 间的通信

在交换机上划分 VLAN 后,可以隔离广域网,减小冲突域,这不但提高了网络的性能和安全性,而且给网络管理员带来很大的便利。但是如前所述,VLAN 内及 VLAN 间也是应该能够通信的，其区别是 VLAN 内可以广播通信，VLAN 间只能端到端通信。

1) VLAN 内的通信

(1) Port VLAN 成员端口间的通信。

Port VLAN 是基于端口的 VLAN，处于同一 VLAN 内的端口之间才能相互通信，可有效地屏蔽广播风暴，并提高网络安全性。如在二层交换机上划分端口 2、22 属于 VLAN1，端口 6、19 属于 VLAN2，那么 VLAN1 和 VLAN2 各自所属的端口间通信方式和一般交换机一样，在未建立完整的 MAC 地址表之前，就将该帧广播到 VLAN 的各个端口上，只有目的地的工作站接受数据帧，别的端口丢弃，同时，交换机维护和更改 MAC 地址表。

在这里，VLAN1 和 VLAN2 之间是不能交换数据的。等交换机建立了完整的 MAC 地址表以后，相同 VLAN 里的成员端口间交换数据时直接按地址对应的端口转发，而不必再将数据帧广播出去。

(2) Tag VLAN 成员端口间的通信。

IEEE 802.1Q 协议使跨交换机的相同 VLAN 端口间通信成为可能。基于 820.1Q tag VLAN 用 VID 来划分不同的 VLAN，当数据帧通过交换机的时候，交换机根据帧中 TAG 头(TagHeader)的 VID 信息来识别它们所在的 VLAN(但是若帧中无 TAG 头，则应用帧所通过端口的默认 VID 信息来识别它们所在的 VLAN)，这使得所有属于该 VLAN 的数据帧，不管是单播帧还是广播帧，都将限制在该逻辑 VLAN 中传播。这将使 VLAN 组中主机之间能够彼此相互通信，而不受其他主机的影响，就像它们存在于单独的 VLAN 中一样。

在两台交换机上分别划出两个 VLAN：VLAN1 和 VLAN2，分别设置第一台的第 24 接口及第二台的第 4 接口为 trunk 模式，作为两台交换机的级联口。那么 PC1 和 PC2 属于 VLAN1，PC3 和 PC4 属于 VLAN2，PC1 要给 PC2 发送数据，必须跨两台交换机。

当 PC1 发送数据时，在进入交换机端口前，数据的头部并没有被加入 TAG 标识，只有当数据进入交换机端口以后，数据的头部首先被加入该端口所属的 VID，这时，交换机就按照目的地址转发，在 VID=1 的 VLAN 中广播该帧，但是，第一台交换机上没有连接 PC2，所以数据只能发往通向连接 PC2 的级联端口 24，该口是一个 tag 口，当数据从 tag 端口转发时，即加入 tag 标识(tag=1)，此时的 PC1 发出的数据帧已经带上了 tag 标识。数据流向第二台交换机的级联口 4，在端口 4 上会根据 tag 标识来将此在 VLAN1 中广播出去，根据 MAC 地址连接 PC2 的端口就会收到该数据帧，端口 4 去掉 TAG 标识后，转发该数据帧到 PC2，这样就完成了跨交换机的 VLAN 内通信。同理，PC2 也可以发给 PC1，PC3 与 PC4 之间也可以实现数据通信。

2) VLAN 间通信

在一般的二层交换机组成的网络中，VLAN 实现了网络流量的分割，不同的 VLAN 是不能相互通信的。如果要实现 VLAN 间通信，必须借助于路由来实现。一种是利用路由器，另一种是借助具有三层功能的交换机。

(1) 利用路由器实现 VLAN 间通信。

在使用路由器进行 VLAN 间路由时，与构建横跨多台交换机的 VLAN 时的情况类似，还会遇到"该如何连接路由器与交换机"的问题。当每个交换机上只有 1 个 VLAN 时,路由器和交换机的接线方式如图 2-4 所示,这种情况下,通过路由器的直连路由,各 VLAN 就能直接通信。

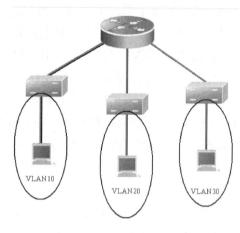

图 2-4　交换机上单 VLAN 间的通信

当每个交换机上有多个 VLAN 时,与路由器的连接方法大致有以下两种。

① 将路由器与交换机上的每个 VLAN 分别连接。

实现的方法即是把路由器和交换机以 VLAN 为单位分别用网线连接。将交换机上用于和路由器互联的每个端口设为 Access 模式,然后分别用网线与路由器上的独立端口互联。

如图 2-5 所示,交换机上有 3 个 VLAN,那么就需要在交换机上预留 3 个端口,用于与路由器互联;路由器上同样需要 3 个端口;两者之间用 3 条网线分别连接。但是这种方法需要重新布设一条网线。而路由器通常不会带有太多以太网接口的。新建 VLAN 时,为了应对增加的 VLAN 所需的端口,就必须将路由器升级成带有多个以太网接口的高端产品,这部分成本以及重新布线所带来的开销都很大,所以这种方法不适用。

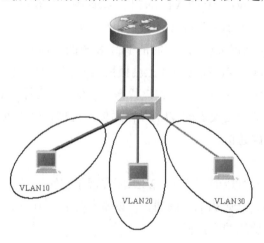

图 2-5　多 VLAN 共处于同一交换机上的 VLAN 间通信

② 单臂路由。

不论 VLAN 有多少个路由器，与交换机都只用一条网线连接，如图 2-6 所示。

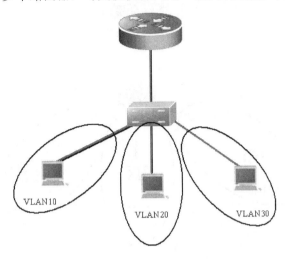

图 2-6　在路由器上利用单臂路由实现 VLAN 间通信

不论 VLAN 数目多少，都只用一条网线连接路由器与交换机，这需要用到干道模式。首先将用于连接路由器的交换机端口设为干道模式。用于干道模式的协议也必须相同，然后在路由器上定义对应各个 VLAN 的"子接口(Sub Interface)"。

尽管实际与交换机连接的物理端口只有一个，但是，在理论上，我们可以把它分割为多个虚拟端口。VLAN 将交换机从逻辑上分割成了多台，因而用于 VLAN 间路由的路由器，也必须拥有分别对应各个 VLAN 的虚拟接口(SVI)作为各个 VLAN 成员的网关。这样，每个 VLAN 之间就可以利用路由器来实现数据交换了。

(2) 利用三层交换机实现 VLAN 间通信。

三层交换机，本质上就是带有路由功能的交换机。第 3 层交换机是将第 2 层交换机和第 3 层路由器两者的优势有机而智能地结合起来，可在各个层次提供线速性能。这种集成化的结构还引进了策略管理属性，不仅使第 2 层与第 3 层相互关联起来，而且还提供流量优化处理、安全访问机制，以及其他多种功能。

在一台三层交换机内，分别设置了交换机模块和路由器模块；而内置的路由模块与交换模块类似，也使用 ASIC 硬件处理路由。因此，与传统的路由器相比，可以实现高速路由。并且，路由与交换模块是汇聚连接的，由于内部连接可以确保相当大的带宽，我们可以利用三层交换机的路由功能来实现 VLAN 间的通信。

如图 2-7 所示的拓扑结构，在二层交换上分别化分 VLAN10 和 VLAN20，VLAN10 的工作站 IP 地址为 192.168.1.1；VLAN20 的工作站 IP 为 192.168.2.1。那么，不同 VLAN 间怎么不利用路由器来实现 VLAN 之间的互访呢？具体实现方法是：在三层交换机上创建各个 VLAN 的虚拟接口(SVI)，并配置 IP 地址。然后将所有 VLAN 连接的工作站主机网关指向该 SVI 的 IP 地址即可。

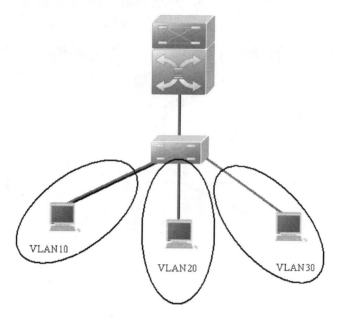

图 2-7　在三层交换机上利用单臂路由实现 VLAN 间通信

过程是在三层交换机上划分 VLAN10 和 VLAN20，设置其 IP 地址分别为 192.168.1.10 和 192.168.2.10，然后，将二层交换机的 VLAN10 里的工作站网关设置为 192.168.1.10，将 VLAN20 里的工作站网关设置为 192.168.2.10，这样，利用三层交换机的虚拟接口(SVI)就可以实现不同虚网间的通信了。

2.2　情境训练：将招生接待处终端划入同一 VLAN

2.2.1　配置 VLAN

在图 2-7 所示的场景中，将两台交换机连接在一起，扩展网络时，一般将交换机之间的互连端口设成 Trunk 模式，其他端口设成 Access 模式，并全部划入原网络中不存在的 VLAN 中。

交换机的端口模式配置，可以通过外带方式对交换机进行管理(PC 与交换机控制口直接相连)。

(1) 打开配置计算机的超级终端软件，通过超级终端，就可以管理交换机，这是最直接的方法。单击"开始"→"程序"→"附件"→"通信"→"超级终端"命令，将会弹出图 2-8 所示的对话框。

(2) 在图 2-8 的"您的区号是什么"和"您拨外线需要先拨哪个号码"下面的文本框中输入合法的数据(或选择"取消")，单击"确定"按钮，出现图 2-9 所示的界面。

图 2-8　超级终端启动过程(一)

图 2-9　超级终端启动过程(二)

(3)　单击"确定"按钮后,将出现图 2-10 所示的界面。

图 2-10　超级终端启动过程(三)

(4) 在"名称"文本框中可自行输入名称，直接单击"确定"按钮，出现图 2-11 所示的界面。这时候要区分一下你的配置线是不是接在 COM1 口上的，如果是，直接单击"确定"按钮，否则，在"连接时使用"后面的下拉列表中选择正确的连接端口，比如 COM2、COM3 等，然后再单击"确定"按钮，会出现如图 2-12 所示的界面。

图 2-11　超级终端启动过程(四)

图 2-12　超级终端启动过程(五)

需要说明的是，在设置连接的下拉列表中，还有一项是"TCP/IP"，如果选择这一项，就意味着采用带内配置，也就是说，配置数据流将通过数据线传到被配置的设备上。

重点提示：这里使用的配置线是专用的，也称"反转线"，不能用普通的 A、B 标双绞线替代，必须专门购买或制作。

(5) 此后设置 PC 与交换机之间通信的参数。所使用的连接参数如下：9600 波特率、8 位数据位、1 位停止位、无校验和无流控。

可以使用图 2-13 中的设置，也可以单击"还原为默认值"按钮还原为默认值。

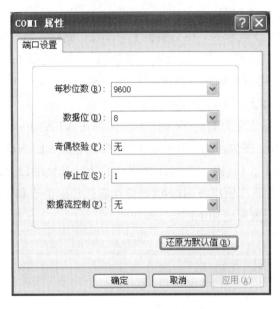

图 2-13　超级终端启动过程(六)

(6)　单击"确定"按钮，就会出现设备和网络设备连接正常的提示界面，然后会出现如图 2-14 所示的界面。

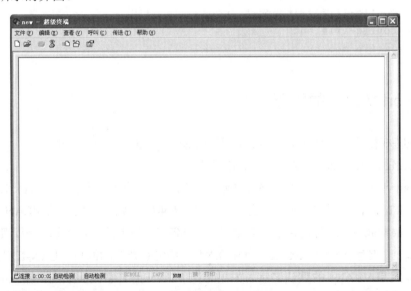

图 2-14　超级终端配置界面

(7)　接下来，开始配置交换机的 VLAN 信息。

交换机的 VLAN 配置过程，大致有以下几个步骤。

①　VLAN 配置分析规划，解决配置什么的问题。

②　VLAN 的具体配置，实现在交换机上配置 VLAN。

③ VLAN 配置信息的查看、修改，确保配置合理、正确。

④ VLAN 配置信息的保存。

VLAN 是以 VLAN ID 表示的。在交换机上可添加、删除、修改 VLAN2 ~ VLAN4094，而 VLAN1 则是交换机自动创建的，并且不可被删除。可以使用 Interface 配置模式来配置一个端口的 VLAN 成员类型，加入、移出一个 VLAN。

本情境的设定操作如下。

根据调查，在原设备上划分有好多 VLAN，但都在 VLAN1 ~ VLAN100 以内，新建 VLAN 定义为 VLAN110，在 Switch1 和 Switch2 上分别建立 VLAN110；用两个交换机的 24 口作为 Trunk 口；保留 1~5 口仍在 VLAN1 中以备它用，其他端口全部划入 VLAN110；保存配置，正确连接新生各系部所用终端即可(将终端连接在除 1~5 和 24 口外的任意端口上)。

以 Switch1 为例，配置简述如下：

```
Switch> enable
Switch# config terminal
Switch(config)# vlan 110
Switch(config-vlan)# exit
Switch(config)# interface fastethernet 24
Switch(config-if)# switchport mode trunk
Switch(config-if)# interface range fastethernet 6-23
Switch(config-if)# switchport mode access
Switch(config-if)# switchport access vlan 110
Switch(config-if)# end
Switch# write memory
```

2.2.2 Port VLAN 的配置

(1) 在特权模式下，通过如下步骤，可以创建或者修改一个 VLAN。

① configure terminal：进入全局配置模式。

② vlan vlan-id：输入一个 VLAN-ID(一个数)。如果输入一个新的 VLAN-ID，则交换机会创建该 VLAN，如果输入的是已经存在的 VLAN-ID，则修改相应的 VLAN。

③ name vlan-name(可选)：为 VLAN 取一个名字。如果没有进行这一步，则交换机会自动为它起一个名字 VLAN XXXX，其中 XXXX 是用 0 开头的四位 VLAN-ID 号。例如，VLAN 0004 就是 VLAN4 的默认名字。如果想把 VLAN 的名字改回默认，输入 no name 命令即可。

④ end：回到特权模式。

⑤ show vlan [id|vlan-id]：检查一下刚才配置得是否正确。

⑥ copy running-config startup config(或 write memory)：将配置保存在配置文件中。

下面这个例子创建 VLAN100，并将它命名为 test：

```
Switch# configure terminal
Switch(config)# vlan 100
Switch(config-vlan)# name test
Switch(config-vlan)# end
```

(2) 在特权模式下用如下步骤可删除一个 VLAN，但不能删除默认 VLAN(VLAN1)。

① configure terminal：进入全局配置模式。

② no vlan clan-id：输入一个 VLAN ID，删除它。

③ end：回到特权命令模式。

④ show vlan：检查一下是否正确删除。

⑤ copy running-config startup config。

(3) 向 VLAN 分配 Access 端口。在特权模式下，利用如下步骤，可以将一个端口分配给一个 VLAN。

① configure terminal：进入全局配置模式。

② interface interface-id：输入想要加入 VLAN 的 interface-id。

③ switchport mode access：定义该接口的 VLAN 成员类型(二层 Access 口)。

④ switchport access vlan vlan-id：将这个接口分配给一个 VLAN。

⑤ end：回到特权命令模式。

⑥ show interface interface-id switchport：检查接口的完整信息。

⑦ copy running-config startup config：将配置保存进配置文件。

下面这个例子把 ethernet0/10 作为 access 口加入到 VLAN test 中：

```
Switch# configure terminal
Switch(config)# interface fastEthernet 0/10
Switch(config-if)# switchport mode access
Switch(config-if)# switchport access vlan 100
Switch(config-if)# end
```

下面这个例子显示了如何检查配置是否正确：

```
Switch# show interfaces fastEthernet 0/10 switchport
Interface Switchport mode Access Native Protected VLAN lists
Fa0/1    Enabled        Access 1 1 Enabled  A 11
```

2.3　知识拓展：Tag VLAN 的配置

1) 配置 VLAN Trunks

Trunks 可以在一条链路上传输多个 VLAN 的流量。Trunks 采用 802.1Q 标准封装。可以把一个普通的以太网端口定义成 Trunks 模式，如果要把一个接口在 Access 模式和 Trunks 模式之间切换，用 switchport mode 命令：switchport mode access，将接口设置为 Access 模式；switchport mode trunk 将所选接口设置为 Trunks 模式。作为 Trunk，该接口要属于一个
Native VLAN，就是指在这个接口上收发的 UNTAG 报文，都被认为是属于这个 VLAN 的。
显然，这个接口的默认 VLAN ID(即 IEEE 802.1Q 中的 PVID)就是 Native VLAN 的 VLAN ID。
同时，在 Trunk 上发送属于 Native VLAN 的帧，则必然采用 UNTAG 的方式。每个 Trunk
口的默认 Native VLAN 是 VLAN1。配置 Trunk 链路时，要确认连接链路两端的 Trunk 口是
属于相同 Native VLAN 的。二层接口的默认模式是 Access 模式。

在特权模式下，利用如下步骤可以将一个接口配置成一个 Trunk 口。

(1) configure terminal：进入全局配置模式。

(2) interface interface-id：输入想要配成 Trunk 口的 interface-id。

(3) switchport mode trunk：定义该接口的类型为二层 Trunk 口。

(4) switchport access vlan vlan-id：为这个接口指定一个 Native VLAN。

(5) end：回到特权命令模式。

(6) show interface interface-id switchport：检查接口的完整信息。

(7) show interface interface-id trunk：显示这个接口的 trunk 设置。

(8) copy running-config startup config：将配置保存进配置文件。

使用 no switchport trunk 接口配置命令，则将一个 Trunk 口的所有 Trunk 相关属性都复
位成默认值。

2) 配置 VLAN

Tag VLAN 的配置方法和 Port VLAN 的配置方法一样，此时 VLAN 中的端口会自动加
入 Trunk 口。只须手动加入其他配置中该 VLAN 的端口即可。

3) 定义 Trunk 口的许可 VLAN 列表

Trunk 口默认可以传输本交换机支持的所有 VLAN(1~4094)的流量。但是，也可以通过
设置 Trunk 口许可 VLAN 列表，来限制某些 VLAN 的流量不能通过这个 Trunk 口。

在特权模式下，如下步骤可以修改一个 Trunk 口的 VLAN 列表。

(1) configure terminal：进入全局配置模式。

(2) interface interface-id：输入想要配成 Trunk 口的 interface-id。

(3) switchport mode trunk：定义该接口的类型为二层 Trunk 口。

(4) switchport trunk allowed vlan{all|[add|remove|except]}vlan-list：配置这个 Trunk 口的
许可 VLAN，也可使一系列 VLAN 以小的 VLAN ID 开头，以大的 VLAN ID 结尾，中间用
"-"号连接，如 10-20。all 的含义是许可 VLAN 列表包含所有支持的 VLAN；add 表示将
指定 VLAN 列表；remove 表示将指定 VLAN 列表从许可 VLAN 列表中删除；except 表示
将除列出的 VLAN 列表外所有 VLAN 加入许可 VLAN 列表；不能将 VLAN1 从许可 VLAN
列表中移出。

(5) end：回到特权命令模式。

(6) show interface interface-id switchport：检查接口的完整信息。

(7) show interface interface-id trunk：显示这个接口的 Trunk 设置。

使用 no switchport trunk allowed vlan 接口配置命令把 Trunk 的许可 VLAN 改为默认。

下面是一个把 VLAN2 从端口 0/15 中移出的例子：

```
Switch(config)# interface fastEthernet 0/15
Switch(config-if)# switchport trunk allowed vlan remove 2
Switch(config-if)# end
Switch# show interfaces fastEthernet 0/15 switchport
 Interface Switchport mode Access Native Protected VLAN lists
Fa0/15 Enabled Trunk 1 1Enabled 1, 3-4096
```

4) 配置 Native VLAN

Trunk 口能够收发 TAG 或者 UNTAG 的 802.1Q 帧。其中 UNTAG 帧用来传输 Native VLAN 的流量。默认的 Native VLAN 是 VLAN1。

在特权模式下，利用如下步骤，可以为一个 Trunk 口配置 Native VLAN。

(1) configure terminal：进入全局配置模式。

(2) interface interface-id：输入想要配置 Native VLAN 的 Trunk 端口号。

(3) switchport trunk native vlan vlan-id：配置 Native VLAN。

(4) end：回到特权命令模式。

(5) show interface interface-id switchport：检查接口的完整信息。

(6) copy running-config startup config：将配置保存进配置文件。

知识库：no switchport trunk allowed vlan 命令的作用

　　使用 no switchport trunk allowed vlan 接口配置命令，可把 Trunk 的 Native VLAN 列表改回默认的 VLAN1。如果一个帧带有 Native VLAN 的 VLAN ID，在通过这个 Trunk 口转发时，会自动被剥去 TAG。当接口的 Native VLAN 设置为一个不存在的 VLAN 时，交换机会自动创建此 VLAN。一个接口的 Native VLAN 可以不在接口的许可 VLAN 列表中，则 Native VLAN 的流量不能通过该接口。

---

5) 显示 VLAN

在特权模式下，使用 show vlan [id | vlan-id] 命令，可以查看 VLAN 信息。信息包括 VLAN id、VLAN 状态、VLAN 成员端口，以及 VLAN 配置信息。

2.4 操 作 练 习

操作与练习 2-1　在交换机上划分 VLAN

① 创建 VLAN，并命名：

```
Switch# configure terminal   !进入交换机全局配置模式
```

```
Switch(config)# vlan 10      !创建 vlan 10
Switch(config-vlan)# name test10  !将 vlan 10 命名为 test10
Switch(config-vlan)# exit
Switch(config)# vlan 20       !创建 vlan 20
Switch(config-vlan)# name test20    !将 vlan 20 命名为 test20
```

② 验证测试：

```
Switch# show vlan    !查看已配置的 VLAN 信息
VLAN Name                        Status   Ports
----------------------------------------------------------------------
1    default                     active   Fa0/1 ,Fa0/2 ,Fa0/3
                                          Fa0/4 ,Fa0/5 ,Fa0/6
                                          Fa0/7 ,Fa0/8 ,Fa0/9
                                          Fa0/10,Fa0/11,Fa0/12
                                          Fa0/13,Fa0/14,Fa0/15
                                          Fa0/16,Fa0/17,Fa0/18
                                          Fa0/19,Fa0/20,Fa0/21
                                          Fa0/22,Fa0/23,Fa0/24
                                  !默认情况下，所有接口都属于 VLAN1
10   test10                      active   !创建的 VLAN10，没有端口属于 VLAN10
20   test20                      active   !创建的 VLAN20，没有端口属于 VLAN20
```

操作与练习 2-2　给 VLAN 分配端口

① 给 VLAN 分配端口：

```
Switch# configure terminal
Switch(config)# interface fastEthernet 0/5
  !将 fastethernet 0/5 端口加入 vlan 10 中
Switch(config-if)# switchport access vlan 10
Switch(config-if)# exit
Switch(config)# interface fastEthernet 0/15
  !将 fastethernet 0/15 端口加入 vlan 20 中
Switch(config-if)# switchport access vlan 20
```

② 验证测试。两台 PC 互相 Ping 不通：

```
Switch# show vlan
VLAN Name                        Status   Ports
----------------------------------------------------------------------
1    default                     active   Fa0/1 ,Fa0/2 ,Fa0/3
                                          Fa0/4 ,Fa0/6 ,Fa0/7
                                          Fa0/8 ,Fa0/9 ,Fa0/10
                                          Fa0/11,Fa0/12,Fa0/13
                                          Fa0/14,Fa0/16,Fa0/17
                                          Fa0/18,Fa0/19,Fa0/20
                                          Fa0/21,Fa0/22,Fa0/23
```

```
                                          Fa0/24
10    test10                    active    Fa0/5
20    test20                    active    Fa0/15
```

【注意事项】

①　交换机所有的端口在默认情况下属于 Access 端口, 可直接将端口加入某一 VLAN。利用 switchport mode access/trunk 命令, 可以更改端口的 VLAN 模式。

②　VLAN1 属于系统默认的 VLAN, 不可以被删除。

③　删除某个 VLAN 时, 使用 no 命令。例如"switch(config)# no vlan 10"。

④　删除某个 VLAN 时, 应先将属于该 VLAN 的端口加入到别的 VLAN, 再删除之。

操作与练习 2-3　跨交换机 VLAN 配置

①　在交换机 SwitchA 上创建 vlan 10, 并将 0/5 端口划分到 vlan 10 中:

```
SwitchA# configure terminal
SwitchA(config)# vlan 10
SwitchA(config-vlan)# name sales
SwitchA(config-vlan)# exit
SwitchA(config)# interface fastEthernet 0/5
SwitchA(config-if)# switchport access vlan 10
```

验证测试: 验证已创建了 vlan 10, 并已将 0/5 端口划分到 vlan 10 中:

```
SwitchA# show vlan id 10      !查看某一个 VLAN 的信息


VLAN Name                      Status   Ports
-----------------------------------------------------------------------
10   sales                     active   Fa0/5
```

②　在交换机 SwitchA 上创建 vlan 20, 并将 0/15 端口划分到 vlan 20 中:

```
SwitchA(config)# vlan 20
SwitchA(config-vlan)# name technical
SwitchA(config-vlan)# exit
SwitchA(config)# interface fastEthernet 0/15
SwitchA(config-if)# switchport access vlan 20
```

验证测试: 验证已创建了 vlan 20, 并已将 0/15 端口已划分到 vlan 20 中:

```
SwitchA# show vlan id 20


VLAN Name                      Status   Ports
-----------------------------------------------------------------------
20   technical                 active   Fa0/15
```

③　把交换机 SwitchA 与交换机 SwitchB 相连的端口(假设为 0/24 端口)定义为 tag vlan

模式：

```
SwitchA(config)# interface fastEthernet 0/24
SwitchA(config-if)# switchport mode trunk
!将 fastethernet 0/24 端口设为 tag vlan 模式
```

验证测试。验证 fastethernet 0/24 端口已被设置为 tag vlan 模式：

```
SwitchA# show interfaces fastEthernet 0/24 switchport
Interface  Switchport Mode    Access  Native  Protected  VLAN lists
---------  ---------- ------   ------- ------- ---------  --------------
Fa0/24     Enabled    Trunk    1       1       Disabled   All
```

注：交换机的 Trunk 接口默认情况下支持所有 VLAN。

④ 在交换机 SwitchB 上创建 vlan 10，并将 0/5 端口划分到 vlan 10 中：

```
SwitchB# configure terminal
SwitchB(config)# vlan 10
SwitchB(config-vlan)# name sales
SwitchB(config-vlan)# exit
SwitchB(config)# interface fastEthernet 0/5
SwitchB(config-if)# switchport access vlan 10
```

验证测试。验证已在 SwitchB 上创建了 vlan 10，并且 0/5 端口已划分到 vlan 10 中：

```
SwitchB# show vlan id 10      !查看某一个 VLAN 的信息
VLAN Name                     Status    Ports
----------------------------------------------------------------------
10   sales                    active    Fa0/5
```

⑤ 把交换机 SwitchB 与交换机 SwitchA 相连的端口(假设为 0/24 端口)定义为 tag vlan 模式：

```
SwitchB(config)# interface fastEthernet 0/24
SwitchB(config-if)# switchport mode trunk
!将 fastethernet 0/24 端口设为 tag vlan 模式
```

验证测试。验证 fastethernet 0/24 端口已被设置为 tag vlan 模式：

```
SwitchB# show interfaces fastEthernet 0/24 switchport
Interface  Switchport Mode    Access  Native  Protected  VLAN lists
---------- ---------- ------   ------- ------- ---------  --------------
Fa0/24     Enabled    Trunk    1       1       Disabled   All
```

⑥ 验证 PC1 与 PC3 能互相通信，但 PC2 与 PC3 不能相互通信：

```
C:\>ping 192.168.10.30    !在 PC1 的命令行方式下验证能 Ping 通 PC3
Pinging 192.168.10.30 with 32 bytes of date:
Reply from 192.168.10.30 : bytes=32  time < 10ms  TTL=128
Reply from 192.168.10.30 : bytes=32  time < 10ms  TTL=128
```

```
Reply from 192.168.10.30 : bytes=32  time < 10ms  TTL=128
Reply from 192.168.10.30 : bytes=32  time < 10ms  TTL=128
Ping statistics for 192.168.10.30 :
   Packets: Sent = 4 , Received= 4, Lost = 0 (0% loss),
Approximate round trip times in milli-seconds:
    Minimum = 0ms, Maximum = 0ms ,Average = 0ms
C:\>ping 192.168.10.30    !在 PC2 的命令行方式下验证不能 Ping 通 PC3
Pinging 192.168.10.30 with 32 bytes of date:
Request timed out.
Request timed out.
Request timed out.
Request timed out.
Ping statistics for 192.168.10.30 :
   Packets: Sent = 4 , Received=0, Lost = 4 (100% loss),
Approximate round trip times in milli-seconds:
    Minimum = 0ms, Maximum = 0ms ,Average = 0
```

【注意事项】

①　两台交换机之间相连的端口应该设置为 Tag VLAN 模式。

②　Trunk 接口在默认情况下支持所有 VLAN 的传播。

2.5　理　论　练　习

(1)　IEEE 制订的实现 Tag VLAN 使用的是下列(　　)标准。

    A.　IEEE 802.1W　　　　　　　　B.　IEEE 802.3AD

    C.　IEEE 802.1Q　　　　　　　　D.　IEEE 802.1X

(2)　S2126G 交换机如何将接口设置为 Tag VLAN 模式？

    A.　switchport mode tag　　　　　B.　switchport mode trunk

    C.　trunk on　　　　　　　　　　D.　set port trunk on

(3)　LAN 中定义 VLAN 的好处有(　　)。

    A.　广播控制　　B.　网络监控　　C.　安全性　　　D.　流量管理

(4)　IEEE 802.1Q 数据帧主要的控制信息有(　　)。

    A.　VID　　　　　B.　协议标识　　C.　BPDU　　　D.　类型标识

(5)　以下(　　)不是增加 VLAN 带来的好处。

    A.　交换机不需要再配置

    B.　机密数据可以得到保护

    C.　广播可以得到控制

(6)　在 RG-S2126G 上能设置的 IEEE 802.1Q VLAN 最大号为(　　)。

    A.　256　　　　　B.　1024　　　　C.　2048　　　D.　4094

(7) 关于 VLAN，下面说法正确的是(　　)。

    A. 隔离广播域

    B. 相互间通信要通过三层设备

    C. 可以限制网上的计算机互相访问的权限

    D. 只能在同一交换机上的主机进行逻辑分组

(8) 实现 VLAN 的方式有(　　)。

    A. 基于端口的 VLAN   B. 基于 MAC 的 VLAN

    C. 基于协议的 VLAN   D. 基于 IP 子网的 VLAN

(9) VLAN 在现代组网技术中占有重要地位，同一个 VLAN 中的两台主机(　　)。

    A. 必须连接在同一交换机上   B. 可以跨越多台交换机

    C. 必须连接在同一集线器上   D. 可以跨越多台路由器

(10) 用超级终端来删除 VLAN 时要输入命令: S2126(config)# no vlan 0002

这里，0002 是(　　)。

    A. VLAN 的名字   B. VLAN 的号码

    C. 既不是 VLAN 的号码也不是名字   D. VLAN 号码或者名字均可以

(11) 对于已经划分了 VLAN 后的交换式以太网，下列(　　)说法是错误的。

    A. 交换机的每个端口自己是一个冲突域

    B. 位于一个 VLAN 的各端口属于一个冲突域

    C. 位于一个 VLAN 的各端口属于一个广播域

    D. 属于不同 VLAN 的各端口的计算机之间，不用路由器不能连通

(12) 下列(　　)说法是错误的。

    A. 以太网交换机可以对通过的信息进行过滤

    B. 以太网交换机中端口的速率可能不同

    C. 在交换式以太网中，可以划分 VLAN

    D. 利用多个以太网交换机组成的局域网不能出现环路

(13) 虚拟网络是以(　　)为基础的。

    A. 交换技术   B. ATM 技术

    C. 总线拓扑技术   D. 环形拓扑结构

(14) 虚拟局域网成员的定义方法不包括(　　)。

    A. IP 广播组虚拟局域网   B. 网络层地址定义

    C. 用 MAC 地址定义   D. 用逻辑拓扑结构

(15) 交换机作为 VLAN 的核心，提供了(　　)智能化的功能。

    A. 将用户、端口或逻辑地址组成 VLAN

    B. 确定对帧的过滤和转发

    C. 与其他交换机和路由器进行通信

    D. 以上全部

(16) 以下(　　)不是 VLAN 依据的标准。

    A.　端口号　　　　　　　　　　　　B.　协议

    C.　MAC 地址　　　　　　　　　　　D.　以上全部都是建立 VLAN 的标准

(17) 以下(　　)是增加 VLAN 带来的好处。

    A.　交换机不需要再配置　　　　　　B.　广播可以得到控制

    C.　机密数据可以得到保护　　　　　D.　物理的界限限制了用户群的移动

(18) 下面关于 VLAN 的(　　)陈述是错误的。

    A.　把用户逻辑分组为明确的 VLAN 最常用的方法是帧过滤和帧的身份验证

    B.　VLAN 的优点包括通过建立安全用户而得到的更加严密的网络安全性

    C.　网桥构成了 VLAN 通信中的一个核心组成部分

    D.　VLAN 可以用来分布网络业务流量的负载

(19) 对于数据包,需要(　　)设备使它能够从一个 VLAN 向另一个 VLAN 传送。

    A.　网桥　　　　B.　路由器　　　　C.　交换机　　　　D.　集线器

(20) 在 OSI 模型的(　　)上发生帧标志。

    A.　第一层　　　B.　第二层　　　　C.　第三层　　　　D.　第四层

情境 3　交换网络的优化设计

情境描述

招生现场的人很多，有人不慎将一根级联网线碰掉，部分网络瞬间无法联络，领导要求增加一些保障措施，避免此类事件再次发生。另外，在操作过程中，发现有时会提示 IP 地址冲突等问题；显然，有不明就里的老师或学生试图使用这一网段的 IP 地址；能否从技术上加以杜绝呢？

3.1　知识储备

3.1.1　交换网络中的冗余备份技术

随着交换技术在网络中的普遍应用，保证各种网络终端包括服务器在内的设备间正常通信成为一项重要的任务。绝大多数情况下，我们在交换网络中采用交换设备之间以多条链路连接，形成冗余链路，来保证线路上的单点故障不会影响正常的网络通信。

但交换机的基本工作原理导致了这样的设计会在交换网络中产生严重的广播风暴问题，所以情境 3 讲解在交换网络中既能保证冗余链路提供链路备份，又可避免广播风暴产生的技术——生成树技术。

1. 循环冗余技术

在许多交换机或交换设备组成的网络环境中，通常使用一些备份连接，以提高网络的健全性、稳定性。备份连接也叫备份链路、冗余链路等。

备份连接如图 3-1 所示，交换机 SW1 与交换机 SW3 的端口 1 之间的链路就是一个备份连接。在主链路(SW1 与 SW2 的端口之间的链路或者 SW2 的端口 1 与 SW3 的端口 2 之间的链路)出故障时，备份链路自动启用，从而提高网络的整体可靠性。

使用冗余备份能够为网络带来健全性、稳定性和可靠性等好处，但是，备份链路也将面临环路问题，这将会导致广播风暴、多帧复制及 MAC 地址表的不稳定等问题。

1)　广播风暴

在一些较大型的网络中，当大型广播流(如 MAC 地址查询信息等)同时在网络中传播时，便会发生数据包的碰撞。而网络试图缓解这些碰撞并重传更多的数据包，结果导致全网的可用带宽减少，并最终使得网络失去连接而瘫痪，这一过程被称为广播风暴。

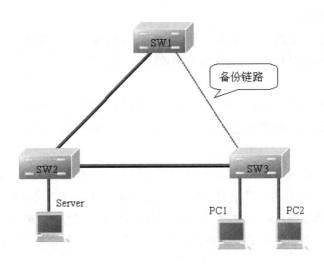

图 3-1 冗余备份链路示意图

网络中，一台设备能够将数据包转发给网络中所有其他站点的技术称为广播。由于广播能够穿越普通交换机和交换机连接的多个局域网段，因此，几乎所有局域网的网络协议都优先使用广播方式来进行管理与操作。广播使用广播帧来发送、传递信息。广播帧没有明确的目的地址，发送的对象是网络中的所有主机，也就是网络中的所有主机都将接收到该数据帧。

在一个较大规模的网络中，由于拓扑结构的复杂性，会有许多大大小小的环路产生，由于以太网、令牌环网等第二层协议均没有控制环路数据帧的机制，各个小型环路产生的广播风暴将不断扩散到全网，进而造成网络瘫痪。所以广播风暴在二层网络中属于灾难性的故障。

与广播概念相类似的，还有组播(Multicast)，或称多播，组播是一种点对多点的通信，是一种比较有效的节约网络带宽的方法。例如在视频点播等多媒体应用中，当把多媒体信号从一个节点传输到多个节点时，采用广播方式会浪费带宽，重复采用点对点传播也会浪费带宽，而组播能够把帧发送到组地址，而不是单个主机，也不是整个网络。由于它的发送范围明显小于广播，因而减少了对网络带宽的占用。对组播及其应用，后面会有详细的讲解，这里只需要与广播能区分就可以。

网络运行时，应该了解网络所运行的所有协议以及这些协议的主要特点，这样才能更有利于对广播信息流量的控制。通常，交换机对网络中的广播帧或组播帧不会进行任何数据过滤。因为这些地址帧的信息不会出现在 MAC 层的源地址字段中。交换机总是直接将这些信息广播到所有端口，如果网络中存在环路，这些广播信息将在网络中不停地转发，直至导致交换机超负荷运转(如 CPU 过度使用、内存耗尽等)，最终耗尽所有带宽资源、阻塞全网通信。

通过使用第 3 层的路由设备，能够很好地解决广播风暴问题。当客户端发出用来查询的广播包时，路由器能够将其截获，并判断是否进行全网转发，从而大大抑制了引发广播风暴连锁反应的可能性。

由于路由器能够有效隔离广播域，因此，有些局域网就设计成以路由器为中心的网络构架；但是，路由器通常也会成为网段(子网)间通信的瓶颈。

2) 多帧复制

网络中如果存在环路，目的主机可能会收到某个数据帧的多个副本，此时，会导致上层协议在处理这些数据帧时无从选择，产生迷惑：究竟该处理哪个帧呢？严重时，还可能导致网络连接中断。

在图 3-1 中，如果 PC1 向网络发出一个广播数据，SW3 就会从其各个端口向外发送，其中也包括向 SW2，由于是广播信息，SW2 也会继续广播，包括向 SW1 发送，SW1 收到广播数据后，会继续发送，这其中有一部分会送回 SW3；注意！此时 SW3 并不能判断这一广播数据是它自己曾经发出的，因此还会继续转发；上述过程将一再重复，后果是网络被阻塞了。

3) MAC 地址表的不稳定

当交换机连接不同网段时，将会出现通过不同端口收到同一个广播帧的多个副本的情况。这一过程也会同时导致 MAC 地址表的多次刷新。这种持续的更新、刷新过程，会严重耗用内存资源，影响该交换机的交换能力，同时降低整个网络的运行效率。严重时，将耗尽整个网络资源，并最终造成网络瘫痪。

2．应对广播风暴的措施

根据广播风暴产生的机理，解决广播风暴问题主要有两种途径。

(1) 切断或屏蔽不当的广播源。没有广播信息，当然就不会有广播风暴，但广播也是网络中必需的技术，并不能，也不可以切断所有的广播源。因此，要选择对不当者处理。这一技术不属于本节的内容，因此不在此处讨论。

(2) 切断网络中的环路。从上面的分析可以看出，如果网络上不存在环路，这种广播数据的扩散也会受到一定程度的限制，阻断网络中的环路可以采用生成树技术，这将在后面讨论。

3．端口聚合技术

1) 链路聚合简介

对于局域网交换机之间以及从交换机到高层服务的许多网络连接来说，100Mb/s 甚至 1Gb/s 的带宽已经无法满足网络的应用需求。除了 ISP、应用服务提供商、流媒体提供商等这类企业之外，传统企业网络管理员也会感到自己服务器连接上的带宽压力。

链路聚合技术(也称端口聚合)帮助用户减少了这种压力。制订于 1999 年的 IEEE 802.3ad 标准定义了如何将两个以上的以太网链路组合起来，为高带宽网络连接实现负载共享、负载平衡以及提供更好的带宽弹性。

如图 3-2 所示，可以把多个物理接口捆绑在一起，形成一个简单的逻辑接口，这个逻辑接口我们称为一个 Aggregate Port(AP)，注意和其他场合下的无线 AP 区分对待。AP 是链路带宽扩展的一个重要途径，它遵循 IEEE 802.3ad 标准，可以把多个端口的带宽叠加起来使用，例如全双工快速以太网端口形成的 AP 最大可以达到 800Mb/s，或者千兆以太网接口形成的 AP，最大可以达到 8Gb/s。

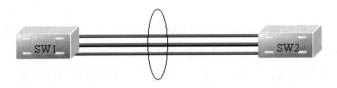

图 3-2　端口聚合的网络拓扑

这项标准适用于 10/100/1000Mb/s 以太网。聚合在一起的链路，可以在一条单一逻辑链路上组合使用上述传输速度，这使得用户在交换机之间有一个千兆端口以及 3 或 4 个 100Mb/s 端口时有更多的选择，以可以负担得起的方式逐渐增加带宽。由于网络传输流被动态地分布到各个端口，因此，在聚合链路中自动地完成了对实际流经某个端口的数据的管理。

IEEE 802.3ad 的另一个主要优点是可靠性。在链路速度可以达到 8Gb/s 的情况下，链路故障是一场灾难。关键任务的交换机链路和服务器连接必须既具有强大的功能又值得信赖。即使在一条电缆被误切断的情况下，链路也不会瘫痪，这正是 IEEE 802.3ad 所具有的自动链路冗余备份的功能。

这项链路聚合标准，在点到点链路上提供了固有的、自动的冗余性。换句话说，如果链路中所使用的多个端口中的一个端口出现了故障，网络传输流可以动态地改向链路中余下的正常状态的端口进行传输。这种改向速度很快，当交换机得知媒体访问控制地址已经被自动地从一个链路端口重新分配到同一链路中的另一个端口时，改向就被触发。然后这台交换机将数据发送到新端口位置，并且在服务不中断的情况下，网络继续运行。

总之，端口聚合将交换机上的多个端口在物理上连接起来，在逻辑上捆绑在一起，形成一个拥有较大带宽的端口，形成一条干路，可以实现均衡负载，并提供冗余链路。

2)　流量平衡

AP 根据报文的 MAC 地址或 IP 地址进行流量平衡，即把流量平均地分配到 AP 的成员链路中去。流量平衡可以根据源 MAC 地址、目的 MAC 地址或源 IP 地址/目的 IP 地址对进行部署和实施。

源 MAC 地址流量平衡是根据报文的源 MAC 地址把报文分配到各个链路中的。不同的主机，转发的链路不同，同一台主机的报文，从同一个链路转发(交换机中学到的地址表不会发生变化)。

目的 MAC 地址流量平衡是根据报文的目的 MAC 地址把报文分配到各个链路中的。同一目的主机的报文，从同一个链路转发，不同目的主机的报文，从不同的链路转发。可以用聚合端口配置负载平衡(aggregateport load-balance)设定流量分配方式。

源 IP 地址/目的 IP 地址对流量平衡是根据报文源 IP 与目的 IP 进行流量分配的。不同的源 IP/目的 IP 对的报文通过不同的端口转发,同一源 IP/目的 IP 对的报文通过相同的链路转发,其他的源/目的 IP 对的报文通过其他的链路转发。该流量平衡方式一般用于三层 AP。在此流量平衡模式下收到的如果是二层报文,则自动根据源 MAC/目的 MAC 对来进行流量平衡。

一个 AP 同路由器进行通信,交换机的 MAC 地址只有一个,为了让路由器与其他多台主机的通信流量能被多个链路分担,应设置为根据目的 MAC 进行流量平衡。应根据不同的网络环境设置合适的流量分配方式,以便能把流量较均匀地分配到各个链路上,充分利用网络的带宽。

3.1.2　生成树协议

在局域网通信中,为了能确保网络连接可靠性和稳定性,常常需要网络提供冗余链路。而所谓的"冗余链路",就是当一条通信信道遇到堵塞或者不畅时,就启用别的通信信道。冗余的概念,就是准备两条以上的链路,如果主链路不通,就启用备份链路。

前面的讨论中曾经提到冗余带来的最大问题是网络环路,进而引起广播风暴。为了解决冗余链路引起的问题,IEEE 通过了 IEEE 802.1d 协议,即生成树协议。IEEE 802.1d 协议通过在交换机上运行一套复杂的算法,使冗余端口在正常工作时被置于"阻塞状态",这样,网络中的计算机在通信时,只有一条链路生效,而当这个链路出现故障时,IEEE 802.1d 协议将会重新计算出网络的最优链路,将处于"阻塞状态"的端口重新打开,从而确保网络连接稳定可靠。生成树协议和其他协议一样,是随着网络的不断发展而不断更新换代的。在生成树协议发展的过程中,老的缺陷不断被克服,新的特性不断被开发出来。按照大功能点的改进情况,我们可以把生成树协议的发展过程划分为三代。

第一代生成树协议:STP/RSTP。

第二代生成树协议:PVST/PVST+。

第三代生成树协议:MISTP/MSTP。

这里将对第一代生成树协议(STP 和 RSTP)进行详细的介绍。

1．生成树协议 STP

生成树协议(Spanning-Tree Protocol,STP)最初是由美国数字设备公司(Digital Equipment Corp,DEC)开发的,后经电气电子工程学会(Institute of Electrical and Engineers,IEEE)进行修改,最终制订了相应的 IEEE 802.1d 标准。STP 协议的主要功能,是为了解决由于备份链路所产生的环路问题。

STP 协议的主要思想,就是当网络中存在备份链路时,只允许主链路激活,当主链路因故障而被断开后,备用链路才会被打开,IEEE 802.1d 生成树协议(Spanning-Tree Protocol)检测到网络上存在环路时,自动断开环路链路。当交换机间存在多条链路时,交换机的生成树协议算法只启动最主要的一条链路。而将其他链路都阻塞掉,将这些链路变为备用链路。当主链路出现问题时,生成树协议将自动启用备用链路接替主链路的工作,不需要任何人工的干预。

学习计算机网络的人一定对树型结构不陌生，它的最大特点就是没有环路。如果我们可以对环形结构的网络进行修剪，也就是说，去除一部分链路，就成了树，没有环路的网络当然就减小了广播风暴的概率。但是，修剪时，两个问题要引起特别的关注，一是不能将冗余真正地断开，否则就失去了备份的作用；二是要确定阻塞哪条链路，只有选择正确，才能提高工作效率。于是，STP 协议中定义了根交换机(Root Bridge)、根端口(Root Port)、指定端口(Designated Port)、路径开销(Path Cost)等概念，目的就在于通过构造一颗自然树的方法，达到阻塞冗余环路的目的，同时实现链路备份和路径最优化。用于构造这棵树的算法称为生成树算法 SPA(Spanning-Tree Algorithm)。

1)　STP 的基本概念

要实现上述这些功能，交换机之间必须进行一些信息的交流，这些信息交流单元就称为桥协议数据单元(Bridge Protocol Data Unit，BPDU)。STP BPDU 是一种二层报文，目的 MAC 是多播地址 01-80-C2-00-00-00，注意这里用到了多播，而不是广播，因为这些数据只对参与构建的交换机有用，对于连接在交换机上的各终端来说，处理这些数据完全没有必要。所有支持 STP 协议的交换机都会接收并处理收到的 BPDU 报文。该报文的数据区里携带了用于生成树计算的所有有用的信息。包括：

● Root Bridge ID(本交换机所认为的根交换机 ID)。

● Root Path Cost(本交换机的根路径开销)。

● Bridge ID(本交换机的桥 ID)。

● Port ID(发送该报文的端口 ID)。

● Message Age(报文已存活时间)。

● Forward-Delay Time、Hello Time 和 Max-Age Time 三个协议规定时间的参数。

● 其他一些诸如表示发现网络拓扑变化、本端口状态的标志位。

当交换机的一个端口收到高优先级的 BPDU(更小的 Bridge ID，更小的 Root Path Cost 等)时，就在该端口保存这些信息，同时，向所有端口更新并传播信息。如果收到比自己优先级低的 BPDU，交换机就丢弃该信息。

这样的机制就使高优先级的信息在整个网络中传播，BPDU 的交流会产生下面的结果。

(1)　网络中选择了一个交换机为根交换机(Root Bridge)。

(2)　每个交换机都计算出了到根交换机(Root Bridge)的最短路径。

(3)　除根交换机的每个交换机都有一个根口(Root Port)，即提供最短路径到 Root Bridge 的端口。

(4)　每个 LAN 都有了指定交换机(Designated Bridge)，位于该 LAN 与交换机之间的最短路径中。指定交换机和 LAN 相连的端口称为指定端口(Designated Port)。

(5)　根口(Root Port)和指定端口(Designated Port)进入转发(Forwarding)状态。

(6)　其他的冗余端口处于阻塞状态(Discarding)。

2)　STP 的工作过程

生成树协议的工作过程如下。

　　首先进行根交换机的选举。选举的依据是交换机优先级和交换机 MAC 地址组合成的桥 ID(Bridge ID)，桥 ID 最小的交换机将成为网络中的根交换机(ID 小者优先级高)。

　　在未进行配置的网络中，各交换机都以默认配置启动，交换机优先级都一样(默认优先级是 32768)。这时，就以 MAC 地址为依据选择根交换机，MAC 地址最小的交换机被选为根交换机，假定图 3-1 中的 SW1 成为根交换机，它的所有端口的角色都成为指定端口，进入转发状态。

　　接下来，其他交换机将各自选择一条"最粗壮"的(带宽速率数值较高的)作为根交换机的路径，相应端口的角色就成为根端口。假设图 3-1 中 SW2 和 SW1、SW3 之间的链路是千兆 GE 链路，SW1 和 SW3 之间的链路是百兆 FE 链路，SW3 从端口 1 到根交换机的路径开销的默认值是 19，而从端口 2 经过 SW2 到根交换机的路径开销是 4+4=8，所以端口 2 成为根端口，进入转发状态。同理，SW2 的端口 2 成为根端口，端口 1 成为指定端口，进入转发状态。

　　路径开销的计算。路径开销是以时间为单位的，如图 3-3 所示(假设 SWA 为根交换机)。在不同协议下，其路径开销如表 3-1 所示。

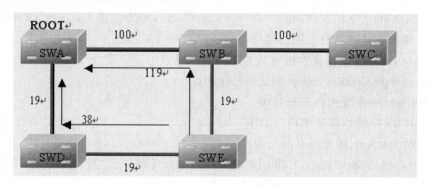

图 3-3　一个实例的路径开销

表 3-1　路径开销

带　宽	IEEE 802.1d	IEEE 802.1w
10Mb/s	100	2000000
100Mb/s	19	200000
1000Mb/s	4	20000

　　根交换机和根端口都确定之后，一棵树就生成了，如图 3-3 中，SWA 是根，可以计算出图中所示的开销。

　　开销计算完成以后，剩下的任务是裁剪冗余的环路了，这个工作是通过阻塞非根交换机上的相应端口来实现的。

　　例如，图 3-3 中，SWA 和 SWB 之间连接端口的角色就会成为禁用端口，进入阻塞状态，形成如图 3-4 所示的经生成树协议作用后的工作状态。

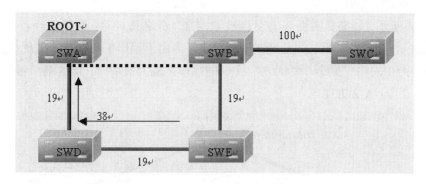

图 3-4 生成树协议裁剪后的网络连接

3) 生成树的比较过程案例

生成树的选举过程中，应遵循以下有限顺序来选择最佳路径。

(1) 比较 Root Path Cost。

(2) 比较发送者的 Port ID。

(3) 比较发送者的 Bridge ID。

(4) 比较本交换机的 Port ID。

比较的方法如下面的案例。

已知：如图 3-5 所示，SWD 交换机为根交换机，假设图中所示的链路均为百兆链路，且交换机均为默认优先级 32768 和默认端口优先级 128。交换机 A、B 的路径开销(Root Path Cost)相等，C-A-ROOT 和 C-B-ROOT 的路径开销(Root Path Cost)相等，如何选择 C-ROOT 的最佳路径？

比较交换机 SWC 的路径开销，也就是 C-A-ROOT 和 C-B-ROOT 的路径开销，可以得知二者相等。

比较交换机的发送者的 Bridge ID，即发送给 C 的 BPDU 信息的交换机 A 与交换机 B 的 Bridge ID，由图 3-5 可知，A 的 Bridge ID 小于 B 的 Bridge ID，故 C 的 8 端口成为根端口，而与 B 相连的端口被阻塞掉，则最佳路径为 C-A-ROOT。

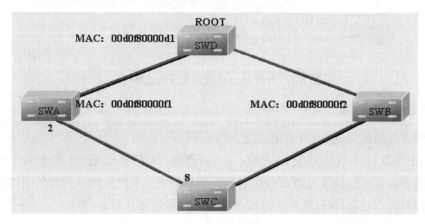

图 3-5 生成树的选举过程

如图 3-6 所示,如果交换机 A 与交换机 C 增加一条备份链路,则发送给 C 的 BPDU 信息都是通过 A,我们就要比较发送者的 Port ID 了,由于端口 1 与端口 2 的优先级相同(默认),而编号为 1 的端口更小、更优先,故 C 的端口 7 成为根端口,而 8 端口被阻塞掉,则最佳路径为 C-7-1-A-ROOT。

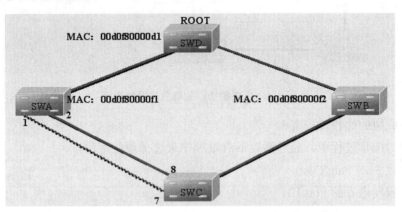

图 3-6 增加一条备份链路的生成树选举过程

如图 3-7 所示,如果交换机 A、C 之间增加一 Hub 相连接,我们就要比较本交换机的 Port ID,由于端口 6 和端口 7 的优先级相同,则端口编号小的 6 端口优先成为根端口,而端口 7、8 被阻塞掉,最佳路径为 C-6-HUB-1-A-ROOT。

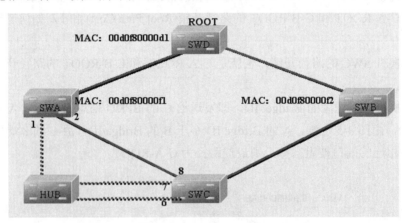

图 3-7 含有 Hub 连接的生成树选举过程

2. 快速生成树协议

1) 快速生成树协议 RSTP 的改进之处

在 IEEE 802.1d 协议的基础上,进行了一些改进,就产生了 IEEE 802.1w 协议。IEEE 802.1d 通信协议虽然解决了链路闭合引起的死循环问题,不过生成树的收敛(指重新设定网络中的交换机端口状态)过程需要的时间比较长,可能需要花费 50 秒钟。

对于以前的网络来说,50 秒钟的阻断是可以接受的,毕竟那时的人们对网络的依赖性不强,但是现在情况不同了,人们对网络的依赖性越来越强,50 秒钟的网络故障足以带来巨大的损失，因此 IEEE 802.1d 协议已经不能适应现代网络的需求了。

于是 IEEE 802.1w 协议问世了，作为对 IEEE 802.1d 标准的补充。RSTP 协议在 STP 协议基础上做了三点重要的改进，使得收敛速度快得多(最快 1 秒以内)。IEEE 802.1w 协议使收敛过程由原来的 50 秒减少为现在约为 1 秒钟，因此 IEEE 802.1w 又称为"快速生成树协议"。

第一点改进：为根端口和指定端口设置快速切换的替换端口(Alternate Port)和备份端口(Backup Port)两种角色。当根端口或指定端口失效时，这两种端口就会无延时地进入转发状态。图 3-8 中的所有交换机都运行 RSTP 协议，Switch A 是根交换机。假设 Switch B 的端口 1 是根端口，则端口 2 能够识别这种拓扑结构，并成为根端口的替换端口，进入阻塞状态。当端口 1 所在链路失效时，则端口 2 立即进入转发状态，无须等待两倍 Forward Delay 时间。

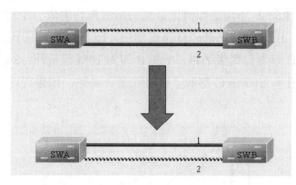

图 3-8　RSTP 端口快速切换

第二点改进：如果点对点链路中只连接了两个交换机的端口，那么，指定端口只须与下游交换机进行一次握手，即可无时延地进入转发状态。如果是连接了 3 个以上交换机的共享链路，那么下游交换机是不会响应上游指定端口发出的握手请求的，只能等待两倍 Forward Delay 时间进入转发状态。

第三点改进：直接与终端相连而不是和交换机相连的端口都定义为边缘端口(Edge Port)。边缘端口可以直接进入转发状态，不需要任何延时。由于交换机无法知道端口是否是直接与终端相连，所以需要人工配置。

2)　端口角色和端口状态

每个端口都在网络中扮演一个角色(Port Role)，用来体现在网络拓扑中的不同作用。

- Root Port：具有到根交换机的最短路径的端口。
- Designated Port：每个 LAN 通过该口链接到根交换机。
- Alternate Port：根交换机的替换端口，一旦根端口失效，该口就立刻变为根端口。
- Backup Port：指定端口的备份端口，当一个交换机有两个端口都连接在一个 LAN 上时，则高优先级的端口为 Designated Port，低优先级的端口为 Backup Port。
- Undesignated Port：当前不处于活动状态的端口，即 OperState 为 down 的端口都被分配了这个角色。

在网络拓扑中，我们会用简写加以描述：RP=Root Port；DP=Designated Port；AP=Alternate Port；BP=Backup Port。

在没有特别说明的情况下，端口优先级从左到右递减。

每个端口有 3 个状态(Port State)，来表示是否转发数据包，从而控制着整个生成树的拓扑结构。

(1) Discarding：既不对收到的帧进行转发，也不进行源 MAC 地址学习。

(2) Learning：不对收到的帧进行转发，但进行源 MAC 地址学习，这是个过渡状态。

(3) Forwarding：既对收到的帧进行转发，也进行源 MAC 地址的学习。

对一个已经稳定的网络拓扑，只有 Root Port 和 Designated Port 才会进入 Forwarding 状态，其他端口都只能处于 Discarding 状态。

3) 网络拓扑树的生成

现在就可以说明 RSTP 协议是如何把杂乱的网络拓扑生成一个树型结构了。如图 3-9 所示，假设 Switch A、B、C 的 Bridge ID 是递增的，即 Switch A 的优先级最高。A 与 B 间是千兆级链路，B 和 C 间为百兆级链路，A 和 C 间为 10M 级链路。Switch A 作为该网络的骨干交换机，Switch B 和 Switch C 都做了链路冗余，显然，如果让这些链路都生效，是会产生广播风暴的。

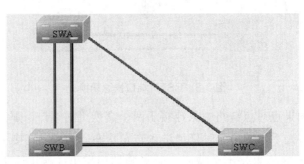

图 3-9　由三台交换机连成的环路

如果这三台 Switch 都打开了 Spanning Tree 协议，那么，它们通过交换 BPDU 选出根交换机(Root Bridge)为 Switch A。Switch B 发现有两个端口都连在 Switch A 上，它就选出优先级最高的端口为 Root Port，另一个端口就被选为 Alternate Port。而 Switch C 发现它既可以通过 B 到 A，也可以直接到达 A。

交换机通过计算发现：由于通过 B 到 A 的链路开销(Path Cost)比直接到达 A 的要低，于是 Switch C 就选择了与 B 相连的端口为 Root Port，与 A 相连的端口为 Alternate Port。都选择好端口角色(Port Role)了，就进入各个端口相应的状态，于是就生成了图 3-10 所示的情况。

如果 Switch A 和 Switch B 之间的活动链路出了故障，那备份链路就会立即产生作用，于是就生成了图 3-11 所示的情况。

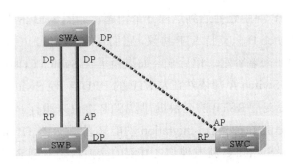

图 3-10　在三台交换机上开启 RSTP

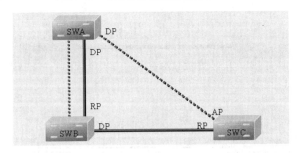

图 3-11　SWA、SWB 间链路出现故障

如果 Switch B 和 Switch C 之间的活动链路出了故障，那 Switch C 就会自动把 Alternate Port 转为 Root Port，就生成了图 3-12 所示的情况。

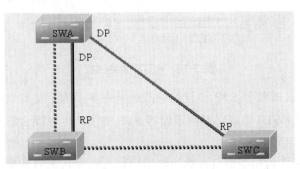

图 3-12　SWB、SWC 间链路出现故障

4)　RSTP 与 STP 的兼容性

RSTP 保证了在交换机或端口发生故障后，迅速地恢复网络连接。一个新的根端口可快速地转换到转发端口状态。局域网中的交换机之间显式的应答使指定的端口可以快速地转换到转发端口状态。

在理想的条件下，RSTP 应当是网络中使用的默认生成树协议。由于 STP 与 RSTP 之间的兼容性，由 STP 到 RSTP 转换是无缝的。

RSTP 协议可以与 STP 协议完全兼容，RSTP 协议会根据收到的 BPDU 版本号来自动判断与之相连的交换机是支持 STP 协议还是支持 RSTP 协议。如果是与 STP 交换机互连，就只能按 STP 的 forwarding 方法，过 30 秒再 forwarding，无法发挥 RSTP 的最大功效。

另外，RSTP 和 STP 混用还会遇到这样一个问题，如图 3-13 的上部所示，Switch A 是支持 RSTP 协议的，Switch B 只支持 STP 协议，它们互连，Switch A 发现与它相连的是 STP 桥，就发 STP 的 BPDU 来兼容它。但后来，如果换了台 Switch C(如图 3-13 的中间所示)，它支持 RSTP 协议，但 Switch A 却依然在发 STP 的 BPDU，使 Switch C 也认为与之互连的是 STP 桥了，结果两台支持 RSTP 的交换机却以 STP 协议来运行，大大降低了效率。

为此，RSTP 协议提供了 protocol-migration 功能来强制发 RSTP BPDU，这样，Switch A 强制发了 RSTP BPDU，Switch C 就发现与之互连的交换机是支持 RSTP 的，于是两台交换机就都以 RSTP 协议运行了，如图 3-13 的下部所示。

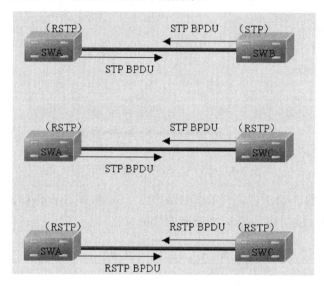

图 3-13   RSTP 协商过程

可见，RSTP 协议相对于 STP 协议的确改进了许多。为了支持这些改进，BPDU 的格式做了一些修改，但 RSTP 协议仍然向下兼容 STP 协议，可以混合组网。

5)   RSTP 的拓扑变化机制

在 RSTP 中，拓扑结构变更只在非边缘端口转入转发状态时发生。丢失连接，例如端口转入阻塞状态，不会像 IEEE 802.1d 一样引起拓扑结构变更。IEEE 802.1w 的拓扑结构变更通知(TCN)功能不同于 IEEE 802.1d，它减少了数据的交互。在 IEEE 802.1d 中，TCN 被单播至根交换机，然后组播至所有交换机。

IEEE 802.1d TCN 的接收使交换机将转发表中的所有内容快速失效，而无论交换机转发拓扑结构是否受到影响。相比之下，RSTP 则通过明确地告知交换机，丢掉除了经由 TCN 接收端口了解到的内容外的所有内容，优化了该流程。TCN 行为的这一改变极大地降低了拓扑结构变更过程中交换机之间数据信息的广播量。

● Forwarding 端口：最优路径。

● Discarding 端口：备份链路，备份端口用于指定端口到生成树树叶的路径的备份，仅在到共享 LAN 网段有两个或两个以上连接，或两个端口通过点到点链路连接为环路时存在。

- Discarding 状态端口：充当两种角色(alternatePort、backupPort)，从 alternatePort、backupPort 中选择到达 Root 的次优路径。
- 当网络拓扑结构发生变化以后立刻转发(收敛时间小于 1 秒)。

3. 配置 STP、RSTP

1) Spanning Tree 的默认配置

项目默认值是 Disable，即关闭开 STP，且 STP Priority 是 32768，STP Port Priority 是 128。STP Port Cost 根据端口速率自动判断：Hello Time 为 2 秒；Forward-delay Time 为 15 秒； Max-age Time 为 20 秒；Path Cost 的默认计算方法为长整型；Link-type 根据端口双工状态自动判断。可通过 spanning-tree reset 命令让 spanning tree 参数恢复到默认配置。

2) 打开、关闭 Spanning Tree 协议

交换机的默认状态是关闭 Spanning-Tree 协议。打开的方法是：

```
Switch(config)# Spanning-tree
```

如果你要关闭 Spanning Tree 协议，可用 no spanning-tree 全局配置命令进行设置。

3) 修改生成树协议的类型

交换机的默认生成树协议的类型是 MSTP。修改生成树协议类型：

```
Switch(config)# Spanning-tree mode  (stp  |  rstp)
```

4) Spanning Tree 的可选配置

(1) 配置交换机优先级(Switch Priority)。

设置交换机的优先级，关系着到底哪个交换机为整个网络的根交换机，同时，也关系到整个网络的拓扑结构。建议管理员把核心交换机的优先级设得高些(数值小)，这样有利于这个网络的稳定。

优先级的设置值有 16 个，都为 4096 的倍数，分别是 0、4096、8192、12288、16384、20480、24576、28672、32768、36864、40960、45056、49152、53248、57344、61440，默认值为 32768。

(2) 配置交换机优先级，0 或 4096 的倍数：

```
Switch(config)# Spanning-tree priority <0-61440>
```

如果要恢复到默认值，可用 no spanning-tree priority 全局配置命令进行配置。

(3) 配置端口优先级(Port Priority)。

当有两个端口都连在一个共享介质上时，交换机会选择一个高优先级(数值小)的端口进入 forwarding 状态，低优先级(数值大)的端口进入 discarding 状态。如果两个端口的优先级一样，就选端口号小的那个进入 forwarding 状态。

与交换机的优先级一样，可配置的优先级值也有 16 个，都为 16 的倍数，它们分别是 0、16、32、48、64、80、96、112、128、144、160、176、192、208、224、240。默认值为 128。

（4）配置交换机端口优先级，0 或 16 的倍数：

```
Switch(config)# Spanning-tree port-priority <0-240>
```

如果要恢复到默认值，可用 no spanning-tree port-priority 接口配置命令进行配置。

（5）配置端口的路径开销(Path Cost)。

交换机是根据哪个端口到根交换机(Root Bridge)的 Path Cost 总和大小来选定 Root Port 的，最小者优先，因此 Port Path Cost 的设置关系到本交换机的 Root Port。它的默认值是按 interface 的链路速率(Media Speed)自动计算的，速率高的开销小，如果管理员没有特别需要，可不必更改它，因为这样算出的 Path Cost 最科学。

配置该端口上的开销，取值范围为 1~200000000，默认值为根据 interface 的链路速率自动计算：

```
Switch(config-if)# spanning-tree cost cost
```

如果要恢复默认值，可用 no spanning-tree cost 接口配置命令进行设置。

（6）配置 Path Cost 的默认计算方法(Path Cost Method)。

当端口 Path Cost 为默认值时，交换机自动根据端口速率计算出该端口的 Path Cost。但 IEEE 802.1d 和 IEEE 802.1t 对相同的链路速率规定了不同的 Path Cost 值，802.1d 的取值范围是短整型(short)(1~65535)，802.1t 的取值范围是长整型(long)(1~200000000)。管理员一定要统一好整个网络内 Path Cost 的标准。默认模式为长整型模式(IEEE 802.1t 模式)。

配置端口路径开销的默认计算方法，设置值为长整型(long)或短整型(short)，默认值为长整型(long)：

```
Switch(config)# spanning-tree path-cost method (long | short)
```

如果要恢复到默认值，可用 no spanning-tree pathcost method 全局配置命令进行设置。

（7）配置 Hello Time。

配置交换机定时发送 BPDU 报文的时间间隔。取值范围为 1~10 秒，默认值为 2 秒：

```
Switch(config)# spanning-tree hello-time seconds
```

如果要恢复到默认值，可用 no spanning-tree forward-time 全局配置命令进行设置。

（8）配置 Max-Age Time。

配置 BPDU 报文消息生存的最长时间(Max-Age Time)，取值范围为 6~40 秒，默认值为 20 秒：

```
Switch(config)# spanning-tree max-age seconds
```

如果要恢复到默认值，可用 no spanning-tree max-age 全局配置命令进行设置。

（9）配置 Link-Type。

配置该端口的连接类型是不是"点对点连接"，这一点关系到 RSTP 是否能快速收敛。当你不设置该值时，交换机会根据端口的"双工"状态来自动设置，全双工的端口就设置 link-type 为 point-to-point，半双工就设为 shared。也可以强制设置 link-type 来决定端口的连

高职高专立体化教材 计算机系列

接是不是"点对点连接"。

配置该 interface 的连接类型，默认值为根据端口"双工"状态来自动判断是不是"点对点连接"：

```
Switch(config-if)# spanning-tree link-type point-to-point / shared
```

你如果要恢复到默认值，可用 **no spanning-tree max-age** 接口配置命令进行设置。

STP、RSTP 信息显示：

```
SwitchA# show spanning-tree        !查看生成树的配置信息
StpVersion : RSTP               !生成树协议的版本
SysStpStatus : Enabled          !生成树协议的运行状态，disable 为关闭状态
BaseNumPorts : 24
MaxAge : 20
HelloTime : 2
ForwardDelay : 15
BridgeMaxAge : 20
BridgeHelloTime : 2
BridgeForwardDelay : 15
MaxHops : 20
TxHoldCount : 3
PathCostMethod : Long
BPDUGuard : Disabled
BPDUFilter : Disabled
BridgeAddr : 00d0.f8ef.9e89
Priority : 32768                      !查看交换机的优先级
TimeSinceTopologyChange : 0d: 0h: 11m: 39s
TopologyChange : 0
DesignatedRoot : 100000D0F8EF9E89
RootCost : 200000                     !交换机到达根交换机的开销
RootPort : Fa0/1                       !查看交换机上的根端口
SwitchA#show spanning-tree interface fastEthernet 0/1
                     !显示 SwitchB 端口 fastthernet 0/1 的状态
PortAdminPortfast : Disabled
PortOperPortfast : Disabled
PortAdminLinkType : auto
PortOperLinkType ; point-to-point
PortBPDUGuard : Disabled
PortBPDUFilter : Disabled
PortState : forwarding          !端口 fastthernet 0/1 处于转发(forwarding)状态
PortPriority : 128
PortDesignatedRoot : 200000D0F8EF9E89
PortDesignatedCost : 0
PortDesignatedBridge : 200000D0F8EF9E89
PortDesignatedPort : 8001
PortForwardTransitions : 3
```

```
PortAdminPathCost :  0
PortOperPathCost :  200000
PortRole :  rootPort                    !查看端口角色为根端口
```

4．配置 aggregate port

1) 配置二层 aggregate port

可以通过全局配置模式下的 interface aggregateport 命令手工创建一个 AP。

无论是二层还是三层物理接口，把接口加入一个不存在的 AP 时，AP 会自动创建。

无论是二层还是三层物理接口，都可以使用接口配置模式下的 port-group 命令将一个 AP 接口加入。

用户可以使用接口配置模式下的 port-group 命令，将一个以太网接口配置成一个 AP 的成员口。从特权模式出发，按以下步骤将以太网接口配置成一个 AP 接口的成员口。

(1) configure terminal：进入全局配置模式。

(2) interface interface-id：选择端口，进入接口配置模式，指定要配置的物理接口。

(3) port-group port-group-number：将该接口加入一个 AP(如果这个 AP 不存在，则同时创建这个 AP)。

(4) end：回到特权模式。

在接口配置模式下使用 no port-group 命令删除一个 AP 成员接口。

下面的例子是将二层的以太网接口 0/1 和 0/2 配置成二层 AP 5 成员：

```
Switch# configure terminal
Switch(config)# interface range fastethernet 0/1-2
Switch(config-if-range)# port-group 5
Switch(config-if-range)# end
```

可在全局配置模式下使用命令 interface aggregateport n(n 为 AP 号)来直接创建一个 AP。

2) 配置三层 aggregate port

默认情况下，一个 aggregate port 是一个二层的 AP，如果要配置一个三层 AP，则需要进行下面的操作。

从特权模式出发，按下面的步骤将一个 AP 接口配置成三层 AP 接口。

(1) configure terminal：进入全局配置模式。

(2) interface aggregate port aggregate-port-number：进入接口配置模式，并创建一个 AP 接口(如果这个 AP 不存在)。

(3) no switchport：将该接口设置为三层模式。

(4) ip address ip-address mask：给 AP 接口配置 IP 地址和子网掩码。

(5) end：回到特权模式。

下面的例子是如何配置一个三层 AP 接口(AP3)，并且给它配置 IP 地址(192.168.1.1)：

```
Switch# configure terminal
Switch(config)# interface aggregateport 3
```

```
Switch(config-if)# no switchport
Switch(config-if)# ip address 192.168.1.1 255.255.255.0
Switch(config-if)# end
```

3) 配置 aggregate port 的流量平衡

从特权模式出发，按下面的步骤配置一个 AP 的流量平衡算法。

(1) configure terminal：进入全局配置模式。

(2) aggregateport load-balance{dst-mac | src-mac | ip}：设置 AP 的流量平衡，选择使用的算法。

- dst-mac：根据输入报文的目的 MAC 地址进行流量分配。在 AP 各链路中，目的 MAC 地址相同的报文被送到相同的接口，目的 MAC 不同的报文被分配到不同的接口。
- src-mac：根据输入报文的源 MAC 地址进行流量分配。在 AP 各链路中，来自不同地址的报文分配到不同的接口，来自相同地址的报文使用相同的接口。
- ip：根据源 IP 与目的 IP 进行流量分配。不同的源 IP/目的 IP 对的流量通过不同的端口转发，同一源 IP/目的 IP 对通过相同的链路转发，其他的源 IP/目的 IP 对通过其他的链路转发。在三层条件下，建议采用此流量平衡的方式。

(3) end：回到特权模式。

要将 AP 的流量平衡设置恢复到默认值，可以在全局配置模式下使用下面的命令：

```
no aggregateport load-balance
```

(4) 显示 aggregate port。可以在特权模式下显示 AP 设置：

```
Switch# show aggregateport load-balance
load-balance : Source MAC address
Switch# show aggregateport 1 summary
AggregatePort   MaxPorts    SwitchPort    Mode     Ports
-------------   ----------  -----------   -----    -----
    Ag1             8        Enabled      Access   Gi0/1, Gi0/2
```

5) 配置 aggregate port 的注意事项

(1) 组端口的速度必须一致。

(2) 组端口必须属于同一个 VLAN。

(3) 组端口使用的传输介质相同。

组端口必须属于同一层次，并与 AP 也要在同一层次。

3.1.3 端口安全

作为计算机网络的网络管理员，为了保证能够提供高效的服务，必须对网络进行严格控制。在网络内部，经常会出现的问题有内部用户的 IP 地址冲突，或其他形式的内部网络攻击和破坏行为。解决的办法是为每一位员工分配固定的 IP 地址，但仍然会有人私自乱用，通过对交换机端口的配置，可以限制员工只能用内部主机使用网络，不得随意连接其他主机，也不能随意更改 IP 地址。例如：某员工分配的 IP 地址是 172.16.1.55/24，主机 MAC 地址是 00-06-1B-DE-13-B4，通过设置 172.16.1.55/24 这个地址，只能用在这一台主机上。

交换机端口安全功能，是指对交换机的端口进行安全属性的配置，从而控制用户安全接入。交换机端口安全主要有两种类型：一是限制交换机端口的最大连接数，二是针对交换机端口进行 MAC 地址、IP 地址绑定。

限制交换机端口的最大连接数可以控制交换机端口下连的主机数，并防止用户进行恶意的 ARP 欺骗。

交换机端口的地址绑定，可以针对 IP 地址、MAC 地址、IP+MAC 地址灵活地绑定。可以实现对用户进行严格的控制。保证用户的安全接入和防止常见的内部网络攻击。如 ARP 欺骗、IP、MAC 地址欺骗，IP 地址攻击等。

配置了交换机的端口安全功能后，当实际应用超出配置的要求时，将产生一个安全违例，产生安全违例的处理方式有三种。

(1) Protect：当安全地址个数满后，安全端口将丢弃未知名地址(不是该端口的安全地址中的任何一个)的包。

(2) Restrict：当违例产生时，将发送一个 Trap 通知。

(3) Shutdown：当违例产生时，将关闭端口，并发送一个 Trap 通知。

当端口因为违例而被关闭后，在全局配置模式下使用命令 errdisable recovery 来将接口从错误状态中恢复过来。

3.2 情境训练：完成循环冗余备份和端口聚合

本工作情境下，为了确保有部分网线开路时网络仍能工作，将采用图 3-14 所示的拓扑结构完成连接。

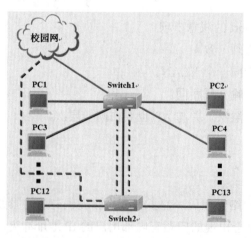

图 3-14 增加了链路冗余和端口聚合的临时招生接待网络拓扑

图 3-14 中，虚线部分完成链路的循环冗余备份，而点划线部分则和原链路一起进行端口聚合，有了这种保障后，即使有一两根网线脱落，也不会影响到网络的正常通信。

完成了上述连接后，要在 SW1 和 SW2 上启用 AP，并将二者相连的端口划入指定的 AP 组；还要在这两台交换机以及该系统接入校园网交换机上的同时配置 SPT，当然，最好是 RSTP。经过上述操作后，该系统就能在正常工作的同时提供网络冗余备份了，从而实现了招生就业工作对网络可靠性的要求(具体配置略)。

下面配置安全端口。

仍是针对图 3-14，为了进一步提高安全性，阻止他人对这一网络系统的可能攻击，将配置所有端口下的最大连接数，这样一来，不管是无心的私自连接，还是有心的破坏，都将不可能通过连入别的终端实施了。因为招生现场的连接数是有限的，或者说是可预知的，而且任何必要的增加都应该通过网络维护人员，毕竟这一系统的性能特别关键。

接着，将各系部所用的计算机终端的 IP 地址和 MAC 地址做绑定操作，确保任何私自更改接口、增加设备的操作都将不能完成，使网络的安全最大限度地得到保障。当然，如果有系部因工作原因确实需要更换终端，也会稍稍麻烦一些，必须由管理人员重新配置一下；好在命令不多，可以很快完成任务。

(1) 配置交换机端口的最大连接数限制：

```
Switch# conf t
Switch(config)# int ra fa 0/1-23
Switch(config-if-rang)# sw port-security
Switch(config-if-rang)# sw port-security maximum 1
Switch(config-if-rang)# sw port-security violation shutdown
```

验证测试。查看交换机的端口安全配置：

```
Switch# show prot-security
```

(2) 配置交换机端口的地址绑定。查看主机的 IP 和 MAC 地址信息：从主机打开 CMD 命令提示符窗口，执行 ipconfig/all 命令。

配置交换机端口的地址绑定：

```
Switch# conf t
Switch(config)# int fa 0/3
Switch(config-if)# sw port-security
Switch(config-if)# sw port-security mac-add mac-add [ip-add ip-add]
```

验证测试。查看地址安全绑定配置：

```
Switch# show port-security add
```

【注意事项】

① 交换机端口安全功能只能在 Access 接口进行配置。

② 交换机最大连接数限制取值范围是 1~128，默认是 128。

③ 交换机最大连接数限制默认的处理方式是 protect。

3.3　知　识　拓　展

通过配置交换机的端口安全，可以实现网络的安全接入，具体地说，就是可以通过限制允许访问交换机上某个端口的 MAC 地址以及 IP 地址(可选)严格控制对该端口的访问。配置完成后，除了源地址为这些安全地址的包外，这个端口将不转发其他任何数据。限制一个端口上允许访问安全地址的最大数量也能有效地控制某一端口的安全接入，当最大端口限制为 1 时，就只能为该端口配置一个安全地址。

在上面配置安全端口的配置命令中，Switch(config-if)# sw port-security mac-add mac-add [ip-add ip-add]用于手工配置所有安全端口，也可以让端口自动学习地址，这些自动学习的地址将变成端口的安全地址，直至达到安全端口规定的最大个数。需要说明的是，这些自动学习的端口是不会被自动绑定的，要想实施绑定，必须手工配置。而且，如果你已经配置了绑定 IP 地址的安全地址，则不能再通过自动学习来增加安全地址。也可以手工配置一部分安全地址，剩下的让交换机自己学习。

3.4　操　作　练　习

操作与练习 3-1　端口聚合的配置练习

① 交换机 A 的基本配置：

```
SwitchA# configure terminal
SwitchA(config)# vlan 10
SwitchA(config-vlan)# name sales
SwitchA(config-vlan)# exit
SwitchA(config)# interface fastEthernet 0/5
SwitchA(config-if)# switchport access vlan 10
```

验证测试。验证已创建了 vlan 10，并且 0/5 端口已划分到 vlan 10 中：

```
SwitchA# show vlan id 10
VLAN Name                        Status    Ports
-----------------------------------------------------------------------
10   sales                       active    Fa0/5
```

② 在交换机 SwitchA 上配置聚合端口：

```
SwitchA(config)# interface aggregatePort 1    !创建聚合接口 AG1
SwitchA(config-if)# switchport mode trunk      !配置 AG 模式为 trunk
```

```
SwitchA(config-if)# exit
SwitchA(config)# interface range fastEthernet 0/1-2    !进入接口 0/1 和 0/2
SwitchA(config-if-range)# port-group 1    !配置接口 0/1 和 0/2 属于 AG1
```

验证测试。验证端口 fastethernet 0/1 和 0/2 属于 AG1：

```
SwitchA# show aggregatePort 1 summary    !查看端口聚合组 1 的信息
AggregatePort MaxPorts SwitchPort Mode   Ports
------------- -------- ---------- ------ -----------------------
Ag1            8        Enabled    Trunk  Fa0/1, Fa0/2
```

注：AG1，最大支持端口数为 8 个，当前 VLAN 模式为 Trunk，组成员有 F0/1、F0/2。

③ 交换机 B 的基本配置：

```
SwitchB# configure terminal
SwitchB(config)# vlan 10
SwitchB(config-vlan)# name sales
SwitchB(config-vlan)# exit
SwitchB(config)# interface fastEthernet 0/5
SwitchB(config-if)# switchport access vlan 10
```

验证测试。验证已在 SwitchB 上创建了 vlan 10，并且 0/5 端口已划分到 vlan 10 中：

```
SwitchB# show vlan id 10

VLAN Name                           Status   Ports
------------------------------------------------------------------------
10   sales                          active   Fa0/5
```

④ 在交换机 SwitchB 上配置聚合端口：

```
SwitchB(config)# interface aggregatePort 1    !创建聚合接口 AG1
SwitchB(config-if)# switchport mode trunk     !配置 AG 模式为 trunk
SwitchB(config-if)# exit
SwitchB(config)# interface range fastEthernet 0/1-2 !进入接口 0/1 和 0/2
SwitchB(config-if-range)# port-group 1        !配置接口 0/1 和 0/2 属于 AG1
```

验证测试。验证端口 fastethernet 0/1 和 0/2 属于 AG1：

```
SwitchB# show aggregatePort 1 summary    !查看端口聚合组 1 的信息
AggregatePort MaxPorts SwitchPort Mode   Ports
------------- -------- ---------- ------ -----------------------
Ag1            8        Enabled    Trunk  Fa0/1, Fa0/2
```

⑤ 验证当交换机之间的一条链路断开时，PC1 与 PC2 仍能互相通信：

```
C:\>ping 192.168.10.30 -t  !在 PC1 的命令行方式下验证能 Ping 通 PC3
Pinging 192.168.10.30 with 32 bytes of date:
Reply from 192.168.10.30 : bytes=32  time < 10ms  TTL=128
```

```
Reply from 192.168.10.30 :  bytes=32  time < 10ms  TTL=128
Reply from 192.168.10.30 :  bytes=32  time < 10ms  TTL=128
Reply from 192.168.10.30 :  bytes=32  time < 10ms  TTL=128
Reply from 192.168.10.30 :  bytes=32  time < 10ms  TTL=128
Reply from 192.168.10.30 :  bytes=32  time < 10ms  TTL=128
Reply from 192.168.10.30 :  bytes=32  time < 10ms  TTL=128
Reply from 192.168.10.30 :  bytes=32  time < 10ms  TTL=128
Reply from 192.168.10.30 :  bytes=32  time < 10ms  TTL=128
Reply from 192.168.10.30 :  bytes=32  time < 10ms  TTL=128
Reply from 192.168.10.30 :  bytes=32  time < 10ms  TTL=128
Reply from 192.168.10.30 :  bytes=32  time < 10ms  TTL=128
Reply from 192.168.10.30 :  bytes=32  time < 10ms  TTL=128
Reply from 192.168.10.30 :  bytes=32  time < 10ms  TTL=128
Reply from 192.168.10.30 :  bytes=32  time < 10ms  TTL=128
Reply from 192.168.10.30 :  bytes=32  time < 10ms  TTL=128
Reply from 192.168.10.30 :  bytes=32  time < 10ms  TTL=128
Reply from 192.168.10.30 :  bytes=32  time < 10ms  TTL=128
Reply from 192.168.10.30 :  bytes=32  time < 10ms  TTL=128
```

【注意事项】

① 只有同类型端口才能聚合为一个 AG 端口。

② 所有物理端口必须属于同一个 VLAN。

③ 在锐捷交换机上最多支持 8 个物理端口聚合为一个 AG。

④ 在锐捷交换机上最多支持 6 组聚合端口。

操作与练习 3-2 快速生成树配置练习

① 交换机 A 的基本配置:

```
Switch# configure terminal
Switch(config)# hostname switchA
switchA(config)# vlan 10
switchA(config-vlan)# name sales
switchA(config-vlan)# exit
switchA(config)# interface fastEthernet 0/3
switchA(config-if)# switchport access vlan 10
switchA(config-if)# exit
switchA(config)# interface range fastEthernet 0/1-2
switchA(config-if-range)# switchport mode trunk
```

② 交换机 B 上的基本配置:

```
Switch# configure terminal
Switch(config)# hostname switchA
switchB(config)# vlan 10
```

```
switchB(config-vlan)# name sales
switchB(config-vlan)# exit
switchB(config)# interface fastEthernet 0/3
switchB(config-if)# switchport access vlan 10
switchB(config-if)# exit
switchB(config)# interface range fastEthernet 0/1-2
switchB(config-if-range)# switchport mode trunk
```

③　配置快速生成树协议：

```
SwitchA# configure terminal        !进入全局配置模式
Switch(config)A# spanning-tree     !开启生成树协议
Switch(config)A# spanning-tree mode rstp   !指定生成树协议的类型为 RSTP
SwitchB# configure terminal        !进入全局配置模式
Switch(config)B# spanning-tree     !开启生成树协议
Switch(config)B# spanning-tree mode rstp   !指定生成树协议的类型为 RSTP
```

验证测试。验证快速生成树协议已经开启：

```
Switch# show spanning-tree         !查看生成树的配置信息
```

注：通过查看两台交换机的生成树信息，会发现，SwitchB 为根交换机，SwitchA Fa 0/1 为根端口。

④　设置交换机的优先级，指定 switchA 为根交换机：

```
switchA(config)# spanning-tree priority 4096  !设置交换机优先级为 4096
```

验证测试。验证交换机 SwitchA 的优先级：

```
switchA# show spanning-tree
switchB# show spanning-tree         !查看交换机 B 生成树的配置信息
```

验证测试 A。验证交换机 SwitchB 的端口 1 和端口 2 的状态：

```
switchB# show spanning-tree interface fastEthernet 0/1
                    !显示 switchB 端口 fastethernet 0/1 状态
switchB# show spanning-tree interface fastEthernet 0/2
                    !显示 switchB 端口 fastethernet 0/2 状态
```

验证测试 B。如果 SwitchA 与 SwitchB 的端口 F0/1 之间的链路 down 掉，验证交换机 SwitchB 的端口 2 的状态，并观察状态转换时间：

```
switchB# show spanning-tree interface fastEthernet 0/2
```

验证测试 C。如果 SwitchA 与 SwitchB 之间的一条链路 down 掉(如拔掉网线)，验证交换机 PC1 与 PC2 仍能互相 Ping 通，并观察 Ping 的丢包情况。

以下为从 PC1 Ping PC2 的结果(注：PC1 的 IP 地址为 192.168.0.137，PC2 的 IP 地址为 192.168.0.136)：

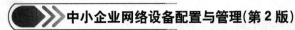

```
C:>\ping 192.168.0.136 -t     !从主机 PC1 Ping PC2 (用连续 Ping),
    !然后拔掉 SwitchA 与 SwitchB 的端口 F0/1 之间的连线,观察丢包情况
```

【注意事项】

① 锐捷交换机默认是关闭 spanning-tree 的,如果网络在物理上存在环路,则必须手工开启 spanning-tree。

② 锐捷全系列的交换机默认为 MSTP 协议,在配置时,注意生成树协议的版本。

操作与练习 3-3   交换机端口安全配置练习

安全端口的配置内容较单一,参照实施内容中的相关配置即可。

3.5 理 论 练 习

(1) IEEE 的(   )标准定义了 RSTP。

    A. IEEE 802.3   B. IEEE 802.1

    C. IEEE 802.1d   D. IEEE 802.1w

(2) 常见的生成树协议有(   )。

    A. STP   B. RSTP

    C. MSTP   D. PVST

(3) 生成树协议是由(   )标准规定的。

    A. IEEE 802.3   B. IEEE 802.1Q

    C. IEEE 802.1d   D. IEEE 802.3u

(4) IEEE 802.1d 定义了生成树协议 STP,将整个网络路由定义为(   )。

    A. 二叉树结构   B. 无回路的树型结构

    C. 有回路的树型结构   D. 环形结构

(5) STP 的最根本目的是(   )。

    A. 防止 "广播风暴"

    B. 防止信息丢失

    C. 防止网络中出现信息回路造成网络瘫痪

    D. 使网桥具备网络层功能

(6) 以下属于生成树协议的有(   )。

    A. IEEE 802.1w   B. IEEE 802.1s

    C. IEEE 802.1p   D. IEEE 802.1d

(7) 以下对 802.3ad 说法正确的是(   )。

    A. 支持不等价链路聚合

    B. 在 RG21 系列交换机上可以建立 8 个聚合端口

C. 聚合端口既有二层聚合端口，又有三层聚合端口

D. 聚合端口只适合百兆以上网络

(8) 如何把一个物理接口加入到聚合端口组 1？(　　)

A. (config-if)# port-group   B. (config)# port-group 1

C. (config-if)# port-group 1   D. # port-group 1

(9) 关于生成树协议端口的几种状态，说法正确的是(　　)。

A. 阻塞状态既不接收数据也不发送数据

B. 侦听状态只接收 BPDU，不发送任何数据

C. 学习状态接收 BPDU，发送 BPDU，转发数据

D. 转发状态，正常处理所有数据

(10) 请按顺序说出 802.1d 中端口由阻塞到转发状态变化的顺序。(　　)

① listening   ② learning   ③ blocking   ④ forwarding

A. ③-①-②-④   B. ③-②-④-①

C. ④-②-①-③   D. ④-①-②-③

(11) MAC 地址通常存储在计算机的(　　)。

A. 内存中   B. 网卡上

C. 硬盘上   D. 高速缓冲区中

(12) 使用 Ping 命令 Ping 另一台主机，就算收到正确的应答，也不能说明(　　)。

A. 目的主机可达

B. 源主机的 ICMP 软件和 IP 软件运行正常

C. Ping 报文经过的网络具有相同的 MTU

D. Ping 报文经过的路由器路由选择正常

(13) 下面关于以太网的描述，哪一个是正确的？(　　)

A. 数据是以广播方式发送的

B. 所有节点可以同时发送和接收数据

C. 两个节点相互通信时，第三个节点不检测总线上的信号

D. 网络中有一个控制中心，用于控制所有节点的发送和接收

(14) 下列哪种说法是错误的？(　　)

A. 以太网交换机可以对通过的信息进行过滤

B. 以太网交换机中端口的速率可能不同

C. 在交互式以太网中可以划分 VLAN

D. 利用多个以太网交换机组成的局域网不能出现环路

(15) 帧中继(Frame Relay)交换是以帧为单位进行交换，它是在(　　)上进行的。

A. 物理层   B. 数据链路层

C. 网络层   D. 传输层

情境 4　网络间的互连

情 境 描 述

以上这种临时建立和很多永久性使用的网络是不可以孤立使用的，否则就失去了网络通信的意义。如何将这些局域网络互连起来，满足更大范围内的网络通信需求呢？这就要求使用三层设备。所以怎样确定它们的拓扑关系，需要进行哪些配置，就成了当前必须解决的问题。

4.1　知 识 储 备

4.1.1　网络层传输

通过前面对网络传输技术的了解，应该明白的基本道理有：相互通信的两个终端或设备之间必须事先知道对方的地址，并将这一地址封装在要发送的数据中，以备中转设备依据这一地址转发；另一方面，对于未知对方物理地址的，还要能通过广播的方法查询。这都是局域网工作的概念和要点。

将多个局域网互连形成城域网或广域网时，这种通信方式就不可取了。在一个由几百台、几千台甚至几万台计算机连在一起的网络中，如果采用广播通信的方式，冲突的严重性可想而知，网络肯定是无法工作的。如果采用这一方案，另一个问题是交换机必须记住所有终端的 MAC 地址，存储资源的占有量十分惊人，即使是可行的，查询速度也不能忍受，因此必须有另外一些约定的方式供这些设备相互访问和通信。

随着网络规模的增大，让每台计算机或交换机记住互联网络上其他所有计算机的地址是不切实际的。路由器的产生，解决了把多种类型的网络联系到一起的问题，这就是所谓的网络层传输。它不考虑二层地址的问题，直接接收和处理三层数据，效果就是要求传输数据中的额外信息减少了，特别是撇开了只对本地有意义的物理地址的概念。正如我们向外地寄信，其实街道和门牌号对于中转站的所有邮局都是没有意义的，只对投递邮局有意义。那么路由器是如何正确地将数据包传输到目的地的，路由器之间又是如何交换路由信息的呢？这里就将介绍网络技术中非常重要的路由技术。

1. 网络层的工作过程

网络层是网络中数据转发的一个层次，工作在这一层的设备很像是一个处于枢纽位置的火车站。带着各种数据和相关目的信息的火车到站后，值班人员不管火车里运送的是什么物品，只认真地分析火车要去的目的地，然后根据自己记录的转换表去扳道岔，完成了扳道工作以后，火车就可以沿着正确的轨道前进，经历若干次这样的转换就到达目的地了。

综上所述，网络层的转发工作除了设备自身必须具有完备的识别和转发功能以外，最重要的就是 IP 包所携带的信息了，下面就来分析一下这种信息的组成，它一般都放在真正传送的数据前面，所以我们也称其为 IP 包头信息。

2．网络层的数据结构

网络层中的数据我们称为 IP 数据包或数据报，其结构如图 4-1 所示。其中的每种信息都有特定的含义和作用，要想学好网络技术，必须透彻地掌握。

版本(4)	头长度(4)	TOS(8)		总长度(16)	
标识(16)			标志(3)	段偏移(13)	
TTL(8)		协议(8)		校验和(16)	
源 IP 地址(32)					
目的 IP 地址(32)					
选项(需要时可有 0~40 字节)					
数据					

图 4-1　IP 包的结构

IP 数据报的组成：首部和数据。首部可以有 20~60 字节，包含有关路由选择和交互的重要信息。

IP 报文结构为：IP 协议头+载荷，所谓载荷，就是被传送的数据，对 IP 协议头部的分析是分析 IP 报文的主要内容之一，这里给出了 IP 协议头部各结构的解释。

版本：说明采用的协议是 IPv4 还是 IPv6。

首部长度：单位为 4 字节，最大表述长度为 60 字节。

TOS：IP 报文标识字段，表示服务类型。

总长度：单位为字节，最大 65535 字节。

标识：占 3 比特，只用到低位的 2 比特，分别用 MF 和 DF 表示。

● MF——MF=1 表示后面还有分片的数据包；MF=0 表示分片数据包的最后一个。

● DF——DF=1 表示不允许分片；DF=0 表示允许分片。

段偏移：分片后的分组在原分组中的相对位置，总共 13 比特，单位为 8 字节。

TTL：寿命。当 TTL=0 时，丢弃报文。

协议：携带的是何种协议报文。

● 1：ICMP。

● 6：TCP。

● 17：UDP。

● 89：OSPF。

校验和：是对 IP 报文协议首部的校验和。

源 IP 地址：IP 报文的源地址。

目的 IP 地址：IP 报文的目的地址。

有了这些数据以后，三层设备可以根据版本号决定取什么位置、多长的内容作为地址；根据首部长度决定有没有选项数据，或者说，所载的数据从什么地方开始；根据 TOS 决定上层提供的服务类型；根据总长度决定所携带的数据量；根据标识决定能否将数据包分段，以及已经分段的数据包如何重组；根据 TTL 值决定这个包是继续转发，还是丢弃；还可以在到达目的地时，根据协议决定数据交给哪一个进程处理。可以想象，如果没有这些数据，"火车调度站"就只能瞎忙了！

3．网络层数据的时序关系

在上述这纷繁众多的数据中，具体的处理是有确定的时间关系的，这种关系，我们称为时序关系。一般情况下，网络层设备在完成了启动和初始化以后，处理各种数据的进程就已经被启动了，接下来就是形成路由表的过程，这个过程根据情况的不同，处理方法也各异，这将在下面的路由技术中详细讨论。只要形成了工作路由表，就可以根据这张表进行"扳道岔"的工作了。

当有数据包(火车)到达时，先将其 TTL 值递减，看是否仍有效，若无效则丢弃；否则用相应的子网掩码与目的地址相掩(与)，如果目的地址是本设备直接相连的网段，就像在局域网中一样，根据对方的 MAC 地址发送，不能确定目的方 MAC 时用 ARP 询问。这类似于本站是火车的目的站点，送到相应的停靠区就行了。

如果还不对，通过路由表看是否有去往目的网络的路径，若有，根据路由表将数据从相应的端口发出。这个过程相当于车站根据表格扳道岔。

再不然，查看有无默认路由，如果有，则从默认路由端口将数据发出；这相当于火车站有规定，一般情况下都沿着一号道口前进；若无默认路由，则丢弃该数据包，并向源端发 ICMP 报文，告知相关数据不可达。

4.1.2　路由技术

路由器是一种连接多个不同网络或子网段的网络互连设备。路由器中的"路由"是指在相互连接的多个网络中，信息从源网络移动到目标网络的活动。一般来说，数据包在路由过程中，至少经过一个以上的中间节点设备。路由器为经过其上的每个数据包寻找一条最佳传输路径，以保证该数据有效、快速地传送到目的计算机。

1．什么是路由

路由是信息从信息源发出后，选择路径穿过网络传递到目的地的行为，在这条路径上，至少遇到一个中间节点，在这些中间节点上如何选路，就叫路由。路由发生在第三层(网络层)。路由包含两个基本动作：确定最佳路径和通过网络传输信息，后者也称为数据转发。

数据转发相对来说比较简单，而选择路径则比较复杂。在火车站的案例中，就是建立起通过本站前往世界上每一个站台的"目的地——道口"对应表。显然，这必须在运输开始之前就全部完成，并在发生变动时随时调整。

2. 路径选择

度量值(metric)是路由算法用以确定到达目的地的最佳路径的计量标准，如路径长度。为了帮助选路，路由算法初始化并维护包含路由信息的路由表，路径信息根据使用的路由算法不同而不同。比如从本站到达另一个目的站可能有两条铁路线，哪条路长哪条路短？哪个费用低？这些是我们选路的依据，度量值在网络上的含义也大致如此。

路由算法根据许多信息来填补路由表。这一工作由三层网络设备完成，一般三层网络设备都是解决路由问题的，我们也形象化地称其为路由器。目的/下一跳地址对是告知路由器到达该目的地的最佳方式，其含义是把到这一目的地的数据分组发送给代表"下一跳"的路由器，当路由器收到一个分组时，它就检查其目标地址，尝试将此地址与其"下一跳"相联系。

路由表还可以包括其他信息。路由表比较 metric 以确定最佳路径，这些 metric 根据所用的路由算法而不同，其计量方法也不一样，后面将介绍常见的 metric。路由器彼此通信，通过交换路由信息维护其路由表，路由表更新信息通常包括全部或部分路由表，通过分析来自其他路由器的路由更新信息，使路由器可以掌握网络的拓扑结构。

路由器之间相互发送的另一种形式的信息是链路状态广播信息，它通知其他路由器发送者自己所连的链路状态，所有的接收者(路由器)都据此链路状态信息形成完整的拓扑结构，每一个路由器可以根据这种拓扑信息确定最佳路径。

3. 数据转发

数据转发算法相对而言比较简单，对大多数路由协议是相同的，多数情况下，某主机决定向另一主机发送数据，通过某种方法获得路由器(网关)地址后，源主机发送指向该路由器物理地址(MAC)的数据包，其协议地址(IP 地址)是指向目的主机的。

路由器查看了数据包的协议地址后，确定是否知道如何转发该包。如果路由器不知道如何转发，通常就将其丢弃。如果路由器知道如何转发，就把目的物理地址变成下一跳的物理地址，并向其发送。下一跳可能就是最终的目的主机；如果不是，通常为另一个路由器，它将执行同样的步骤。当分组在网络中流动时，它的物理地址在改变，但其协议地址始终不变。

上面描述了源系统与目的系统之间的转换，ISO 定义了用于描述此过程的分层的术语。在该术语中，没有转发分组能力的网络设备称为端系统(End System，ES)，有此功能的称为中介系统(Intermediate System，IS)。IS 又进一步分成可在路由域内通信 IS(Intradomain IS)和既可在路由域内又可在域间通信的 IS(Intredomain IS)。路由域通常被认为是统一管理下的一些网络集合，遵守特定的一组管理规则，也称为自治系统(Autonomous System)。在某些协议中，路由域可以分为路由区间，但是域内路由协议仍可用于在区间内和区间交换数据。以上这段话作为定义是非常严谨的，也是非常难懂的，通俗地讲，路由可以看成是可以分区域的，有些设备用于在区域内路由数据，有些设备则用于区域间路由数据。还以火车调度为例，中国铁路的调度方法和俄罗斯铁路的调度可以不一样，但这不影响一列火车在两国正常行驶。

4．路由算法

路由算法可以根据多个特性来加以区分。首先，算法设计者的特定目标影响了路由协议的操作；其次，存在着多种路由算法，每种算法对网络和路由器资源的影响都不相同；最后，路由算法使用多种 metric，影响到最佳路径的计算。

下面将分析这些路由算法的特性。

路由表中包含着用以选择最佳路径的信息。但是，路由表是怎样建立的呢？它们包含信息的本质是什么？路由算法怎样根据这些信息决定哪条路径更好呢？

路由算法使用了许多不同的 metric，以确定最佳路径。复杂的路由算法可以基于多个metric 选择路由，并把它们结合成一个复合的 metric。通常的 metric 如下：

- 路径长度。
- 可靠性。
- 延迟。
- 带宽。
- 负载。
- 通信代价。

路径长度是最常用的路由 metric。一些路由协议允许网管给每个网络链接人工赋予代价值，这种情况下，路由长度是所经过的代价总和。其他路由协议定义了跳数，即分组在从源到目的路途中必须经过的网络设备，如路由器的个数。

可靠性，在路由算法中指网络链接的可靠性(通常以位误率描述)，有些网络链接可能比其他的问题更多；网络失效后，一些网络链接可能比其他网络链接更容易修复。任何可靠性因素都可以在给可靠率赋值时计算在内，通常是人工根据实际数据或经验给其赋以metric 值。

路由延迟指分组从源端出发通过网络到达目的所花的时间。很多因素影响到延迟，包括中间的网络链接的带宽、经过的每个路由器的端口队列、所有中间网络链接的拥塞程度以及物理距离。因为延迟是多个重要变量的混合体，它是个比较常用而且有效的 metric。

带宽指链接可用的流通容量。在其他所有条件都相等时，10Mb/s 的以太网链接比工作在 64kb/s 的专线更可取。虽然带宽是链接可获得的最大吞吐量，但是，通过具有较大带宽的链接路由不一定比经过较慢链接的路由好。例如，如果一个快速链路很忙，分组到达目的地所花的时间可能要更长。

负载是指网络资源如路由器的繁忙程度。负载可以从很多方面计算，包括 CPU 使用情况和每秒处理分组数，持续地监视这些参数本身是很耗费资源的。

通信代价是另一种重要的 metric。尤其是有一些公司关心运作费用甚于性能。即使线路延迟可能较长，他们也宁愿通过自己的线路发送数据，而不采用昂贵的公用线路。

5．设计目标

路由算法通常具有下列设计目标的一个或多个：

- 优化。
- 简单、低耗。
- 健壮、稳定。
- 快速聚合。
- 灵活性。

优化是指路由算法选择最佳路径的能力，根据 metric 的值和权值来计算。例如有一种路由算法可能使用带宽和延迟，同时选延迟的权值大些。当然，路由协议必须严格定义计算 metric 的算法。

路由算法也可以设计得尽量简单。换句话说，路由协议必须高效地提供其功能，尽量减少软件和应用的开销。当实现路由算法的软件必须运行在物理资源有限的计算机上时，高效性尤其重要。

路由算法必须健壮，即在出现不正常或不可预见事件的情况下必须仍能正常工作(例如硬件故障、高负载和不正确的实现)。因为路由器位于网络的连接点，当它们失效时，会产生重大的问题。最好的路由算法通常是那些经过了长时间考验，在各种网络条件下证实都很稳定的算法。

此外，路由算法必须能快速聚合，也称收敛。收敛是所有路由器对最佳路径达成一致的过程。当某网络事件使路径断掉或不可用时，路由器通过网络分发的路由更新信息，促使最佳路径重新计算，最终使所有路由器达成一致，收敛很慢的路由算法可能会产生路由环或网络中断。

路由算法还应该是灵活的，即它们应该迅速、准确地适应各种网络环境。例如，假设某网络断掉了，当知道问题后，很多路由算法通常使用该网段的路径迅速选择次佳的路径，路由算法可以设计得可适应网络带宽、路由器队列大小和网络延迟。

6．路由协议

路由协议(Routing Protocol)用于路由器动态寻找网络最佳路径，保证所有路由器拥有一致的路由表，一般路由协议决定数据包在网络上的行走路径。这类协议的例子有 OSPF、RIP 等路由协议。通过提供共享路由选择信息的机制来支持被动路由协议，路由选择协议消息在路由器之间传递。路由选择协议允许路由器与其他路由器通过通信协商修改和维护路由选择表。

可被路由的协议(Routed Protocol)由路由协议(Routing Protocol)传输，前者也称为网络协议。这些网络协议执行在源与目的设备和用户应用间通信所需的各种功能，不同的协议中，这些功能可能差异很大。

术语 Routed Protocol(可被路由的协议)和 Routing Protocol(路由协议)经常被混淆。

Routed Protocol 在网络中被路由，例如 IP、DECnet、AppleTalk、NovellNetWare、OSI。而路由协议是实现路由算法的协议，简单地说，它给网络协议做向导。路由协议指 RIP、IGRP、EIGRP、OSPF、IS-IS、EGP、BGP 等。

路由动作包括两项基本内容：寻址和转发。为了判定最佳路径，路由选择算法必须启动并维护包含路由信息的路由表，其中路由信息依赖于所用的路由选择算法却不尽相同。

路由选择算法将收集到的不同信息填入路由表中，并根据路由表将目的网络与下一站的关系告诉路由器。

路由器可以路由数据包，必须至少知道以下相关信息：

- 目标地址。
- 可以学习到远端网络状态的邻居。
- 到达远端网络的最佳路径。
- 如何保持和验证路由信息。

路由器就是互联网中的中转站，网络中的数据包通过路由器转发到目的网络。在路由器的内部，都必须有一个路由表，这个路由表中包含有该路由器知道的目的网络的地址及通过此路由器到达这些网络的最佳路径，如某个接口或下一跳地址，正是由于路由表的存，路由器可以依据它们进行转发。

当路由器从某个接口中收到一个数据包时，路由器查看数据包中的目的网络地址，如果发现数据包的目的地址不在接口所在的子网中，路由器查看自己的路由表，找到数据包的目的网络所对应的接口，并从相应的接口去转发。以上只是路由过程的简单描述，但却是最基本的路由原理。

知识库：典型的路由选择方式

典型的路由选择方式有两种：静态路由和动态路由。

静态路由是在路由器中设置的固定的路由表。除非网络管理员干预，否则静态路由不会发生变化。由于静态路由不能对网络的改变做出反应，一般用于网络规模不大，拓扑结构简单固定的网络中。静态路由的优点是简单、高效、可靠。在所有的路由中，静态路由的优先级仅次于直连路由。默认情况下，当动态路由与静态路由发生冲突时，以静态路由为准。

动态路由是网络中的路由器之间相互通信、传递路由信息、利用收到的路由信息更新路由表的过程。它能实时地适应网络结构的变化。如果路由更新信息表明发生了网络变化，路由选择软件就会重新计算路由，并发出新的路由更新信息。这些信息通过各个网络，引起各路由器重新启动器路由算法，并更新各自的路由表，以动态地反映网络拓扑变化。动态路由适用于规模大、拓扑结构复杂的网络。当然，各种动态路由协议会不同程度地占用网络带宽和 CPU 资源。

7．静态路由

静态路由是指由网络技术人员手工配置的路由信息。有些路由器连接的网络比较少，而且没有什么变化时，手工配置指示一下路由就可以了。但这种情况下，一旦网络的拓扑发生了变化，网络技术人员需要手工去修改路由信息。静态路由信息在默认情况下是私有的，不会传递给其他的路由器。当然，网络管理员也可以通过对路由器进行设置，使之成为共享的。静态路由一般适用于比较简单的网络环境，这样的环境中，网络管理者能够清楚地了解网络的拓扑结构，便于设置正确的路由信息。

静态路由除了具有简单、高效、可靠的优点外，它的另一个好处就是网络安全保密性好。动态路由因为需要路由器之间频繁地交换各自的路由信息，而窃密者又可通过对路由信息的分析，了解网络的拓扑结构和网络地址等信息，因此存在一定的不安全性，而静态路由不存在这样的问题，故出于安全方面的考虑，也可以采用静态路由。

大型和复杂的网络环境通常不宜采用静态路由。一方面，网络管理员难以全面了解整个网络的拓扑结构；另一方面，当网络的拓扑结构和链路状态发生变化时，路由器中的静态路由信息需要大范围调整，这一工作的难度和纷杂程度非常高。

8．默认路由

默认路由指的是路由表中未直接列出的目标网络的路由选择，它用于在不明确的情况下指示数据包下一跳的方向。路由器如果配置了默认路由，则所有未明确指明目标网络的数据包都通过默认路由进行转发。

默认路由一般使用在 Stub 网络中，Stub 网络是只有一条出口路径的网络。使用默认路由来发送那些目标网络没有包含在路由表中的数据包。更重要的是，默认路由是其他各种路由的一种补充，可以看成设备的网关。

从配置和结构形式上，默认路由也可以看作是一种特殊的静态路由。

9．动态路由

1）　动态路由

动态路由是指路由器能够依据某种原则自动建立自己的路由表，并且能够根据实际情况的变化，适时地进行调整，动态路由机制的运作依赖于路由器的两个基本功能；对路由表的维护，路由器之间适时的路由信息交换。路由器之间的路由信息交换是基于路由协议实现的。

通过图 4-2 可以直观地看到路由信息交换的过程。

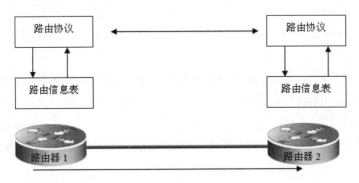

图 4-2　路由信息的交换过程

交换路由信息的最终目的,在于建立路由表,并通过路由表找到一条数据交换的最佳路径。每一种路由算法都有其衡量最佳路径的一套原则。大多数算法使用一个量化的参数来衡量路由的优劣,一般来说,参数值越小,路径越好,该参数可以通过路径的某一特性进行计算,也可以在综合多个特性的基础上进行计算。

从前面路由算法的讨论中我们知道,几个比较常用的特征是:路径所包含的路由器节点数、网络传输开销、带宽、延迟、负载、可靠性和最大传输单元。

2) 动态路由协议分类

根据是不是在一个自治系统内部使用,路由协议分为内部网关协议和外部网关协议,这里的自治系统,指一个在同一公共路由选择策略和公共管理下的网络集合,一般具有相同管理机构、相同路由策略的网络,例如大的公司或大学。小的站点常常是其 Internet 服务提供商自治系统的一部分。

外部网关协议:在自制系统之间交换路由策略的网络协议,如 BGP。

内部网关协议:在自治系统内交换路由选择信息的路由器协议,常用的 Internet 内部网关协议有 OSPF、RIP。

最常见的外部网关协议是边界网关协议 BGP。在一般企业或学校,较少涉及外部网关协议,一般网络工程配置中也不易用到外部网关协议,所以这里只讨论内部网关协议。

距离矢量路由协议采用距离矢量路由选择算法,它确定到任一网络的方向与距离,如 RIP、IGRP。距离矢量协议是一种适合中、小型网络的动态路由协议,优点是配置方便,算法简单。距离向量路由选择协议不适合于有几百个路由器的大型网络或经常要更新的网络。在大型网络中,表的更新过程可能过长,以至于最远的路由器的选择表不大可能与其他表同步更新。

RIP 是一种古老的基于距离矢量算法的路由协议,通过计算抵达目的地的最少跳数来选择最佳路径,RIP 协议的跳数最多为 15 跳,当数据传输过程超过这个数字时,RIP 协议会认为目的地不可达。此外,单纯的以路由跳数作为选路的依据不能充分描述路径特征,可能导致所选的路径不是最优。因此 RIP 协议只适用于小型网络中。几乎所有厂商生产的路由器都支持 RIP 协议。

链路状态路由协议为路由计算而重新生成整个网络的拓扑,如 OSPF 等。链路状态路由选择比距离矢量路由选择需要更强的处理能力,但是,它可以对路由选择过程提供更多的控制,对变化响应也更快。路由选择可以基于避开拥塞区、线路的速度、线路的费用或者各种优先级别。

OSPF 是一种比较有代表性的链路状态路由协议。每一个 OSPF 路由器都维护一个相同的网络拓扑数据库,从这个数据库中,可以构造一个最短路径树,来计算路由表。

OSPF 的收敛速度比 RIP 快,而且在更新路由信息时,产生的流量也较少。

为了管理大规模的网络,OSPF 采用分层的连接结构,将自治系统分为不同的区域,以减少路由重计算。

10．路由信息协议 RIP

1）　RIP 是什么

RIP 是由施乐(Xerox)公司在 20 世纪 70 年代开发的，是应用较早、使用较普遍的内部网关协议，适用于小型同类网络，是典型的距离矢量协议。

RIP 协议使用距离矢量来决定最佳路径，具体来说，是通过路由跳数来衡量。使用 RIP 协议的路由器，每 30 秒互相发送广播信息，收到广播信息的每个路由器根据收到的路由表的跳数增加一跳。如果广播信息经过多个路由器到达同一个路由器，这个路由器就会比较各条不同的到达路径，具有最低跳数的路径是被选中作为路由的路径。如果首选的路径不能正常工作，那么其他路径将会再次比较，重新启用一个路径。

2）　RIP 的路由更新

早期的 RIP 路由协议中，路由更新是通过定时广播实现的。默认情况下，路由器每隔 30 秒向与其相连的网络广播自己的路由表，接到广播的路由器将收到的信息添加至自己的路由表中，每个路由器都如此广播，最终网络上所有的路由器都会得知全部的路由信息。

正常情况下，每 30 秒，路由器就可以收到一次路由信息确认，如果经过 180 秒，即 6 个更新周期，还没有收到相应的路由信息确认，路由器就认为这一条路径失效；再过 60 秒，也就是从一开始经过 240 秒没收到路由确认信息，就自动删除这条路由。

3）　路由环路

距离矢量类的算法的一个突出问题，是容易产生路由环路，RIP 是距离矢量算法的一种，自然也存在路由环路的问题。所谓的路由环路，实际上是信息在网络上循环传递，一直不能到达目地的的一种现象。为了避免这个问题，RIP 等距离矢量算法一般采用下面 4 种机制，来解决这一问题。

(1) 水平分割(Split Horizon)：水平分割保证路由器记得每一条路由信息的来源。并且不在收到这条信息的端口上再转发它，这是保证不产生路由环路最基本的措施。

(2) 毒性逆转(Poison Reverse)：当一条路径信息变为无效之后，路由器并不立即将它从路由表中删除，而是用 16 跳去标注它，从前面的学习中，我们知道在 RIP 协议中，16 跳表示不可达的度量，在广播出去的路由信息中向邻居说明，自己到这一目的的距离为 16 跳，这样做虽然增加了路由表的大小，但对消除环路很有作用，它可以立即清除相邻路由器的任何环路。

(3) 触发更新(Trigger Update)：当路由表发生变化时，更新报文立即广播给相邻的所有路由器，而不是等 30 秒。

(4) 抑制时间(Holddown Timer)：一条路由信息无效之后，一段时间内，这条路由都处于抑制状态，即在一定时间内不再接受关于同一目的地址的路由更新。如果路由器从一个网段上得知一条路径失败，然后，立即又在另一个网段上得知这个路由有效，这个有效的信息往往是不正确的。

采用了上面的方法，路由环路的问题也不能完全解决，只是得到了最大程度的减少，一旦路由环路真的出现，路由项的度量就会出现逐渐增大到无穷大的情况，这是因为，路由信息被循环传递，每穿过一个路由器，度量值就会加 1，一直加到 16，路径就成为不可达的了。RIP 选择 16 跳不可达的度量值是很巧妙的，既足够大，保证了多数网络能正常运行，又足够小，使得计数到无穷大所花费的时间最短，当然，这也是应付路由环路的一种无奈之举。

4) RIP 的缺陷

对于 RIP 协议，网络上的路由器在一条路径不能使用时，必须经历重新选择的过程，以决定替代路径，这个过程也称为收敛。

RIP 协议花费大量的时间用于收敛是它的主要问题。在 RIP 协议认识到路径不能达到前，它设置为等待，直到它已经错过 6 次更新，总共 180 秒时间，然后，在使用新路径更新路由表之前，它等待另一个可行路径的下一个信息的到来。这意味着在备份路径被使用前，至少经过 3 分钟，对于多数应用程序而言，这太长了。

RIP 协议的原始版本不能使用 VLSM，因此，不能分割地址空间以最大效率地利用 IP 地址。RIP 协议的老版本通过引入子网屏蔽，与每一路由广播信息一起使用时，限制了这个功能。

路由协议还应该能防止数据包进入循环，或者落入路由选择循环，这是由于多余连接影响网络的问题，RIP 协议如果从网络的一个终端到另一个终端的路由跳数超过 15 个，那么，一定牵涉到了循环，因此，当一个路径达到 16 跳时，将被认为是不可达的。显然，这限制了 RIP 协议在大规模网络上的使用。

RIP 最大的问题，是当其工作在具有多余路径的较大网络中时。

如果网络没有多余的路径，RIP 协议将很好地工作，它几乎被所有制造厂商选择为距离矢量支持协议。RIP 协议适用于多数路由器操作系统，它的配置和障碍修复非常容易，但对于规模较大的网络，或具有多余路径的网络，应该考虑使用其他路由协议。

毋庸置疑，RIP 协议是最广泛使用的 IGP 协议。RIP 协议被设计用于采用同种技术的小型网络、大多数的校园网和使用频率变化不是很大的连续性的地区性网络，对于更复杂的环境一般不使用。

RIP 协议处于 UDP 协议的上层，RIP 的路由信息都封装在 UDP 的数据包中。RIP 使用 UDP 的 520 端口，其监听程序在该端口上接收来自远程的路由修改信息，并对本地的路由表做相应的修改，同时，通知其他路由器，通过这种方式达到整个系统路由的一致。

RIP 使用跳数来衡量到达目的地的距离，称为路由度量值。在 RIP 中，路由器与它直接相连网络的跳数为 0，经过一个路由器，跳数为 1，其余以此类推。为限制收敛时间，RIP 规定度量值在 0~16。

RIP 虽然久经考验，且简单易行，但是，也存在着一些很严重的缺陷。

(1) 过于简单，以跳数作为基数依据确定度量值、经常得出并非最佳路径。

(2) 度量以 16 为限，不太适合大型网络。

(3) 可靠性非常差，接收任何设备的路由更新。

(4) 老版 RIP 不支持 VLSM。

(5) 收敛缓慢。

(6) 路由器信息交互本身占据带宽很大。

知识库：RIP V1 与 RIP V2 的区别

RIP 有两个版本：RIP V1 和 RIP V2。

RIP V1 报文为广播报文，报文发送到目的地址为 255.255.255.255；它是有类路由协议，在路由更新时不发送子网掩码信息；不支持 VLSM；不支持路由认证。

RIP V2 报文为组播报文，报文发送到 224.0.0.9；它是无类路由协议，支持 VLSM；支持明文和 MD5 路由认证。

11．IGRP 和 EIGRP 协议

1）思科私有协议

IGRP：内部网关路由协议(Interior Gateway Routing Protocol，IGRP)。

IGRP 是一种距离向量(Distance Vector)内部网关协议(IGP)。距离向量路由选择协议采用数学上的距离标准计算路径大小，该标准就是距离向量。距离向量路由选择协议通常与链路状态路由选择协议(Link-State Routing Protocols)相对，这主要在于：距离向量路由选择协议是对自治系统中的所有节点发送本地连接信息。

为具有更大的灵活性，IGRP 支持多路径路由选择服务。在循环(Round Robin)方式下，两条同等带宽线路能运行单通信流，如果其中一根线路传输失败，系统会自动切换到另一根线路上。多路径可以是具有不同标准但仍然奏效的多路径线路。例如，一条线路比另一条线路优先 3 倍(即标准低 3 级)，那么意味着这条路径可以使用 3 次。只有符合某特定最佳路径范围或在差量范围之内的路径才可以用作多路径。差量(Variance)是网络管理员可以设定的另一个值。

EIGRP：增强的内部网关路由选择协议(Enhanced Interior Gateway Routing Protocol，EIGRP)是增强版的 IGRP 协议。

IGRP 是思科提供的一种用于 TCP/IP 和 OSI 因特网服务的内部网关路由选择协议。它被视为一种内部网关协议，而作为域内路由选择的一种外部网关协议，它还没有得到普遍应用。

Enhanced IGRP 与其他路由选择协议之间主要区别包括：收敛快速(Fast Convergence)、支持变长子网掩码(Subnet Mask)、局部更新和多网络层协议。执行 Enhanced IGRP 的路由器存储了所有其相邻路由表，以便于它能快速利用各种选择路径(Alternate Routes)。如果没有合适的路径，Enhanced IGRP 查询其邻居，以获取所需路径。直到找到合适的路径，Enhanced IGRP 查询才会终止，否则一直持续下去。

EIGRP 协议对所有的 EIGRP 路由进行任意掩码长度的路由聚合，从而减少路由信息传输，节省带宽。

另外，EIGRP 协议可以通过配置，在任意接口的边界路由器上支持路由聚合。

Enhanced IGRP 不做周期性更新。取而代之，当路径度量标准改变时，Enhanced IGRP

只发送局部更新(Partial Updates)信息。局部更新信息的传输自动受到限制，从而使得只有那些需要信息的路由器才会更新。基于以上这两种性能，因此，Enhanced IGRP 损耗的带宽比 IGRP 少得多。

> **知识库：思科与 IGRP**
>
> 思科(Cisco)公司如今已成为业界的领先企业，其内部网关路由协议(IGRP)是一种在自治系统(Autonomous System，AS)中提供路由选择功能的路由协议。在 20 世纪 80 年代中期，最常用的内部路由协议是路由信息协议(RIP)。尽管 RIP 对于实现小型或中型同机种互联网络的路由选择是非常有用的，但是，随着网络的不断发展，受到的限制也越加明显。思科路由器的实用性和 IGRP 的强大功能，使得众多小型互联网络组织采用 IGRP 取代了 RIP。早在 20 世纪 90 年代，思科就推出了增强的 IGRP，进一步提高了 IGRP 的操作效率。

2) IGRP 工作原理

IGRP(Interior Gateway Routing Protocol)是一种动态距离向量路由协议，它由 Cisco 公司在 20 世纪 80 年代中期设计。使用组合用户配置尺度，包括延迟、带宽、可靠性和负载。

IGRP 是 Cisco 开发的私有协议，是为了弥补 RIP 不足的地方而开发的。它的管理距离 AD 为 100，它有着与 RIP 类似的特性，比如都是距离矢量(Distance Vector)路由协议，都通过广播的方式周期性地广播完整的路由表(除了被水平分割法则抑制的路由以外。并且它也会在网络的边界上进行路由汇总。不像 RIP 是使用 UDP 520 端口，IGRP 是直接通过 IP 层进行 IGRP 信息交换的，协议号为 9。IGRP 还使用 AS 的概念，如图 4-3 所示。

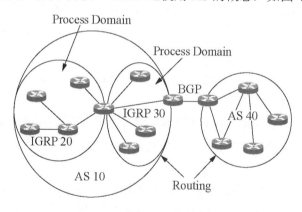

图 4-3　IGRP 协议的分域处理

AS 10 中有两个进程域(Process Domain)，分别是 IGRP 20 和 IGRP 30(分别定义的是 AS 20 和 AS 30)。这样就起到一个隔离通信量的作用，AS 20 和 AS 30 之间可以通过路由的再发布(Redistribute)来进行通信。

在 IGRP 的 update 包里，把路由条目分为了以下 3 个类别。

- 内部路由(Interior Route)：被宣告的路由条目是本地化的。
- 系统路由(System Route)：到达被边界路由器汇总的网络地址的路由。

● 外部路由(Exterior Route)：来自外部，比如其他的 AS 的路由。

IGRP 的 update 包发送周期为 90 秒，是 RIP 的 3 倍，但是，为防止 timer 的同步，一般这个期为 72 到 90 秒之间的随机数。

当一条路由初次被学习到以后，这条路由的 invalid timer 就设置为 270 秒(RIP 的 3 倍)。flush timer 被设置为 630 秒(update 发送周期的 7 倍)。每次接收到该路由的 update 包以后，这些 timer 都会重新初始化。假如 invalid timer 超时，仍然没接收到该路由的 update，那么该路由就标记为不可达，但是，该路由仍然会保存在路由表中，并且以目标不可达的方式宣告出去，直到 flush timer 超时，该路由就被彻底从路由表中删除。

IGRP 使用了 3 倍于 RIP 的 timer，优点是节约了链路的带宽，但缺点是收敛(convergence)慢于 RIP。比如，若一台路由器出问题 down 掉了，IGRP 要用 3 倍于 RIP 的时间才能检测到该路由器状态的变化。

当一条路由标记为不可达的时候，或者下一跳的路由器增大了到达目标地址的 metric 并引起触发更新(Triggered Update)，那么该路由将进入 holddown 状态，并且 holddowntimer 的长度为 3 倍 update 发送时间再加 10 秒(280 秒)。这个时候，关于目标地址的任何新的信息都不会被接受，直到 holddown timer 超时。可以使用命令 no metric holddown 来关闭这个 holddown 特性，一般在一个无环路的网络拓扑里，holddown 特性是没什么用的，关闭这一特性有助于加快收敛时间。

各种 timer 的修改命令如下：

```
timers basic {update} {invalid} {holddown} {flush} [sleeptime]
```

参数 sleeptime 的单位是毫秒(ms)，用来在接收到一个 triggered update 后，延迟普通的路由 update。

当你要调整这些 timer 的时候，应该注重的是，整个 AS 内要统一地调整。

默认情况下，IGRP 每 90 秒发送一次路由更新广播，在 3 个更新周期内(即 270 秒)，没有从路由中的第一个路由器接收到更新，则公布路由不可访问。在 7 个更新周期即 630 秒后，Cisco IOS 软件从路由表中清除路由。

表 4-1 列出了 IGRP 的相关配置命令。

表 4-1　IGRP 的相关配置命令

任　务	命　令
指定使用 RIP 协议	router igrp *autonomous-system*
指定与该路由器相连的网络	network *network*
指定与该路由器相连的节点地址	neighbor *ip-address*

注：autonomous-system 可以随意建立，并非实际意义上的 autonomous-system，但运行 IGRP 的路由器要想交换路由更新信息，其 autonomous-system 需相同。

3) EIGRP 的工作原理

EIGRP 的工作原理可以通过以下几部分信息予以说明。

(1) EIGRP 的术语和概念。

① 在 EIGRP 中,有五种类型的数据包。

HELLO:以组播的方式发送,用于发现邻居路由器,并维持邻居关系。

查询(Query):若一条链路失效,路由器重新进行路由计算,但在拓扑表中没有可行的后继路由时,路由器就以组播的方式向它的邻居发送一个查询包,以询问它们是否有一条到目的地的可行后继路由。

答复(Reply):以单点的方式回传给查询方,对查询数据包进行应答。

确认(ACK):以单点的方式传送,用来确认更新、查询、答复数据包,以确保更新、查询、答复传输的可靠性。

② 可行距离(Feasible Distance):到达一个目的地的最短路由的度量值。

③ 后继(Successor):后继是一个直接连接的邻居路由器,通过它具有到达目的地的最短路由。通过后继路由器将包转发到目的地。

④ 通告距离(Advertise Distance):相邻路由器所通告的相邻路由器自己到达某个目的地的最短路由的度量值。

⑤ 可行后继(Feasible Successor):可行后继是一个邻居路由器,通过它,可以到达目的地,不使用这个路由器是因为通过它到达目的地的路由的度量值比其他路由器高,但它的通告距离小于可行距离,因而被保存在拓扑表中,用作备择路由。

⑥ 可行条件(Feasible Condition):上述术语,构成了可行条件,是 EIGRP 路由器更新路由表和拓扑表的依据。可行条件可以有效地阻止路由环路,实现路由的快速收敛。

⑦ 活跃状态(Active State):当路由器失去了到达一个目的地的路由,并且没有可行后继可利用时,该路由进入活跃状态,是一条不可用的路由。当一条路由处于活跃状态时,路由器向所有邻居发送查询,来寻找另外一条到达该目的地的路由。

⑧ 被动状态(Passive State):当路由器失去了一条路由的后继而有一个可行后继时,或者再找到一个后继时,该路由进入被动状态,是一条可用的路由。

(2) EIGRP 的运行。

初始运行 EIGRP 的路由器都要经历发现邻居、了解网络、选择路由的过程,在这个过程中,同时建立三张独立的表:列有相邻路由器的邻居表、描述网络结构的拓扑表、路由表,并在运行中网络发生变化时更新这三张表。

① 建立相邻关系。

运行 EIGRP 的路由器自开始运行起,就不断地用组播地址从参与 EIGRP 的各个接口向外发送 HELLO 包。当路由器收到某个邻居路由器的第一个 HELLO 包时,以单点传送方式回送一个更新包,在得到对方路由器对更新包的确认后,这时双方建立起邻居关系。

② 发现网络拓扑,选择最短路由。

当路由器动态地发现了一个新邻居时,也获得了来自这个新邻居所通告的路由信息,路由器将获得的路由更新信息首先与拓扑表中所记录的信息进行比较，符合可行条件的路由被放入拓扑表，再将拓扑表中通过后继路由器的路由加入路由表，通过可行后继路由器的路由如果在所配置的非等成本路由负载均衡的范围内，则也加入路由表，否则，保存在拓扑表中作为备择路由。如果路由器通过不同的路由协议学到了到同一目的地的多条路由，则比较路由的管理距离，管理距离最小的路由为最优路由。

③ 路由查询、更新。

当路由信息没有变化时，EIGRP 邻居间只是通过发送 HELLO 包，来维持邻居关系，以减少对网络带宽的占用。在发现一个邻居丢失、一条链路不可用时，EIGRP 立即会从拓扑表中寻找可行后继路由器，启用备择路由。如果拓扑表中没有后继路由器，由于 EIGRP 依靠它的邻居来提供路由信息，在将该路由置为活跃状态后，向所有邻居发送查询数据包。

如果某个邻居有一条到达目的地的路由，那么，它将对这个查询进行答复，并且不再扩散这个查询，否则，它将进一步地向它自己的每个邻居查询，只有所有查询都得到答复后，EIGRP 才重新计算路由，选择新的后继路由器。

(3) EIGRP 运行的验证。

在图 4-4 所示的网络拓扑中，路由器进行了基本的 EIGRP 配置，所有路由器都属于 EIGRP 自治系统 1，未配置其他路由协议，我们通过运行 EIGRP 的相关命令获得的有关信息来验证 EIGRP 的运行。

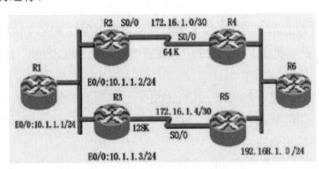

图 4-4 运行了 EIGRP 的网络

我们以路由器 R2 为例来验证 EIGRP 是如何了解网络、选择路由的。

对于目的地 192.168.1.0、172.16.1.4，路由器 R2 都分别收到了它的两个邻居路由器 R3(10.1.1.3)和 R4(172.16.1.2)通告的路由。到目的地 192.168.1.0 的最短路由是通过 R3，可行距离是 20563200，但 R4 的通告距离(281600)小于可行距离，符合可行条件，因而 R4 是该路由的可行后继路由器。到目的地 172.16.1.4 的最短路由是通过 R3，可行距离是 20537600，通过 R4 的通告距离(20537600)等于(注意：不小于)可行距离，不符合可行条件，因而 R4 不能作为该路由的可行后继路由器。

EIGRP 在默认情况下，是等成本路由上的负载均衡，因而在路由表中到目的地 192.168.1.0 的路由只有通过路由器 R3(10.1.1.3)一条，备选路由(R4)保存在拓扑表中。因为是通过内部 EIGRP 学到的路由，故路由的管理距离为 90。如果配置了非等成本负载均衡，备选路由也将被加入路由表。

最后要强调的是，由于 EIGRP 是 Cisco 公司私有的路由协议，因而上面所探讨的内容都是基于 Cisco 公司的路由器，其他公司生产的路由器不会有这两款协议。

12. 开放最短路径优先协议 OSPF

开放式最短路径优先(Open Shortest Path First，OSPF)是一个内部网关协议(Interior Gateway Protocol，IGP)，用于在单一自治系统(Autonomous System，AS)内决策路由。与 RIP 相对，OSPF 是链路状态路由协议，而 RIP 是距离矢量路由协议。

1) OSPF 起源

IETF 为了满足建造越来越大基于 IP 网络的需要，形成了一个工作组，专门用于开发开放式的、链路状态路由协议，以便用在大型、异构的 IP 网络中。新的路由协议以已经取得一些成功的一系列私人的、与生产商相关的、最短路径优先(SPF)路由协议为基础，SPF 在市场上广泛使用。包括 OSPF 在内，所有的 SPF 路由协议基于一个数学算法——Dijkstra 算法。这个算法能使路由选择基于链路状态，而不是距离向量。OSPF 由 IETF 在 20 世纪 80 年代末期开发，OSPF 是 SPF 类路由协议中的开放式版本。

最初的 OSPF 规范体现在 RFC 1131 中。这个第 1 版(OSPF 版本 1)很快被进行了重大改进的版本所代替，这个新版本体现在 RFC 1247 文档中。RFC 1247 OSPF 称为 OSPF 版本 2，主要表现在其稳定性和功能性方面的实质性改进。这个 OSPF 版本有许多更新文档，每一个更新都是对开放标准的精心改进。接下来的一些规范出现在 RFC 1583、2178 和 2328 中。OSPF 版本 2 的最新版体现在 RFC 2328 中。最新版只与由 RFC 2138、1583 和 1247 所规范的版本进行互操作。

链路是路由器接口的另一种说法，因此 OSPF 也称为接口状态路由协议。OSPF 通过路由器之间通告网络接口的状态，来建立链路状态数据库，生成最短路径树，每个 OSPF 路由器使用这些最短路径构造路由表。

OSPF 路由协议是一种典型的链路状态(Link-state)的路由协议，一般用于同一个路由域内。在这里，路由域是指一个自治系统(Autonomous System)，即 AS，它是指一组通过统一的路由政策或路由协议互相交换路由信息的网络。在这个 AS 中，所有的 OSPF 路由器都维护一个相同的描述这个 AS 结构的数据库，该数据库中存放的是路由域中相应链路的状态信息，OSPF 路由器正是通过这个数据库计算出其 OSPF 路由表的。

作为一种链路状态的路由协议，OSPF 将链路状态广播数据包 LSA(Link State Advertisement)传送给在某一区域内的所有路由器，这一点与距离矢量路由协议不同。运行距离矢量路由协议的路由器是将部分或全部的路由表传递给与其相邻的路由器。

2) OSPF 的 Hello 协议

(1) Hello 协议的目的：

● 用于发现邻居。

● 在成为邻居之前，必须对 Hello 包里的一些参数协商成功。

● Hello 包在邻居之间扮演着 keepalive 的角色。

- 允许邻居之间的双向通信。
- 它在 NBMA(Nonbroadcast Multi-access)网络上选举 DR 和 BDR。

(2) Hello Packet 包含以下信息:

- 源路由器的 RID。
- 源路由器的 Area ID。
- 源路由器接口的掩码。
- 源路由器接口的认证类型和认证信息。
- 源路由器接口的 Hello 包发送的时间间隔。
- 源路由器接口的无效时间间隔。
- 优先级。
- DR/BDR。
- 五个标记位(Flag Bit)。
- 源路由器的所有邻居的 RID。

3)　OSPF 的网络类型

OSPF 定义的 5 种网络类型分别是: 点到点网络、广播型网络、非广播型(NBMA)网络、点到多点网络、虚链接(Virtual Link)。其中各部分内容信息说明如下。

(1) 点到点网络。

点到点网络,比如 T1 线路,是连接单独的一对路由器的网络,点到点网络上的有效邻居总是可以形成邻接关系的。在这种网络上,OSPF 包的目标地址使用的是 224.0.0.5,这个组播地址称为 AllSPFRouters。

(2) 广播型网络。

广播型网络,比如以太网、Token Ring 和 FDDI,这样的网络上会选举一个 DR 和 BDR,DR/BDR 的发送的 OSPF 包的目标地址为 224.0.0.5,运载这些 OSPF 包的帧的目标 MAC 地址为 0100.5E00.0005;而除了 DR/BDR 以外的 OSPF 包的目标地址为 224.0.0.6,这个地址叫 AllDRouters。

(3) NBMA 网络。

NBMA 网络,比如 X.25、Frame Relay 和 ATM,不具备广播的能力,因此邻居要人工来指定,在这样的网络上要选举 DR 和 BDR,OSPF 包采用 unicast 的方式。

(4) 点到多点网络。

点到多点网络,是 NBMA 网络的一个特殊配置,可以看成是点到点链路的集合。在这样的网络上,不选举 DR 和 BDR。

(5) 虚链接。

对于虚链接,OSPF 包是以 unicast 的方式发送。

所有的网络也可以归纳成两种网络类型:

- 传输网络(Transit Network)。
- 末梢网络(Stub Network)。

4) OSPF 的 DR 及 BDR

在 DR 和 BDR 出现之前，每一台路由器和它的邻居之间成为完全网状的 OSPF 邻接关系，这样 5 台路由器之间将需要形成 10 个邻接关系，同时将产生 25 条 LSA。而且在多址网络中，还存在自己发出的 LSA 从邻居的邻居发回来，导致网络上产生很多 LSA 的拷贝，所以基于这种考虑，产生了 DR 和 BDR。

DR 将完成如下工作。

(1) 描述这个多址网络和该网络上剩下的其他相关路由器。

(2) 管理这个多址网络上的 flooding 过程。

(3) 同时，为了冗余性，还会选取一个 BDR，作为双备份。

① DR BDR 选取规则。

DR BDR 选取是以**接口状态机**的方式触发的。

路由器的每个多路访问(multi-access)接口都有个路由器优先级(Router Priority)，是 8 位长的一个整数，范围是 0~255，Cisco 路由器默认的优先级是 1，优先级为 0 的话，将不能选举为 DR/BDR。优先级可以通过命令 ip ospf priority 进行修改。

Hello 包里包含了优先级的字段，还包括了可能成为 DR/BDR 的相关接口的 IP 地址。

当接口在多路访问网络上初次启动的时候，它把 DR/BDR 地址设置为 0.0.0.0，同时设置等待计时器(Wait Timer)的值等于路由器无效间隔(Router Dead Interval)。

② DR BDR 选取过程。

在与邻居建立双向(2-Way)通信之后，检查邻居的 Hello 包中的 Priority，DR 和 BDR 字段，列出所有可以参与 DR/BDR 选举的邻居。所有的路由器声明它们自己就是 DR/BDR(Hello 包中 DR 字段的值就是它们自己的接口地址；BDR 字段的值就是它们自己的接口地址)。

从这个有参与选举 DR/BDR 权的列表中，创建一组没有声明自己就是 DR 的路由器的子集(声明自己是 DR 的路由器将不会被选举为 BDR)。

如果在这个子集里，不管有没有宣称自己就是 BDR，只要在 Hello 包中，BDR 字段就等于自己接口的地址，优先级最高的就被选举为 BDR；如果优先级都一样，RID 最高的选举为 BDR。

如果在 Hello 包中，DR 字段就等于自己接口的地址，优先级最高的就被选举为 DR；如果优先级都一样，RID 最高的选举为 DR；如果选出的 DR 不能工作，那么新选举的 BDR 就成为 DR，再重新选举一个 BDR。

要注意的是，当网络中已经选举了 DR/BDR 后，又出现了 1 台新的优先级更高的路由器，DR/BDR 是不会重新选举的。

DR/BDR 选举完成后，DRother 只和 DR/BDR 形成邻接关系。所有的路由器将组播 Hello 包到 AllSPFRouters 地址 224.0.0.5 以便它们能跟踪其他邻居的信息，即 DR 将泛洪 update packet 到 224.0.0.5；DRother 只组播 update packet 到 AllDRouter 地址 224.0.0.6，只有 DR/BDR 监听这个地址。

简单地说：DR 的筛选过程如下：优先级为 0 的不参与选举；优先级高的路由器为 DR；优先级相同时，以 router ID 大的为 DR。

router ID 以回环接口中的最大 IP 为准。

若无回环接口，以真实接口的最大 IP 为准。

(4) 默认条件下，优先级为 1。

5) OSPF 邻居关系

邻接关系建立的 4 个阶段如下。

(1) 邻居发现阶段。

(2) 双向通信阶段：Hello 报文都列出了对方的 RID，则 BC 完成。

(3) 数据库同步阶段。

(4) 完全邻接阶段。

邻居关系的建立和维持都是靠 Hello 包完成的，在一般的网络类型中，Hello 包是每经过 1 个 HelloInterval 发送一次，有 1 个例外：在 NBMA 网络中，路由器每经过一个 PollInterval 周期，发送 Hello 包给状态为 down 的邻居(其他类型的网络是不会把 Hello 包发送给状态为 down 的路由器的)。Cisco 路由器上 PollInterval 默认为 60s，Hello Packet 以组播的方式发送给 224.0.0.5，在 NBMA 类型点到多点和虚链路类型网络中，以单播发送给邻居路由器。邻居可以通过手工配置或者 Inverse-ARP 发现。

OSPF 路由器在完全邻接之前，所经过的几个状态如下。

(1) **Down**：此状态还没有与其他路由器交换信息。首先从其 ospf 接口向外发送 hello 分组，还并不知道 DR(若为广播网络)和任何其他路由器。发送 hello 分组时，使用组播地址 224.0.0.5。

(2) **Attempt**：只适于 NBMA 网络，在 NBMA 网络中，邻居是手动指定的，在该状态下，路由器将使用 HelloInterval 取代 PollInterval 来发送 Hello 包。

(3) **Init**：表明在 DeadInterval 里收到了 Hello 包，但是 2-Way 通信仍然没有建立起来。

(4) **two-way**：双向会话建立，而 RID 彼此出现在对方的邻居列表中(若为广播网络，例如以太网。在这个时候，应该选举 DR、BDR)。

(5) **ExStart**：信息交换初始状态，在这个状态下，本地路由器和邻居将建立 Master/Slave 关系，并确定 DD Sequence Number，路由器 ID 大的成为 Master。

(6) **Exchange**：信息交换状态下，本地路由器和邻居交换一个或多个 DBD 分组(也叫 DDP)。DBD 包含有关 LSDB 中 LSA 条目的摘要信息)。

(7) **Loading**：信息加载状态。收到 DBD 后，使用 LSACK 分组确认已收到 DBD，将收到的信息同 LSDB 中的信息进行比较。如果 DBD 中有更新的链路状态条目，则向对方发送一个 LSR，用于请求新的 LSA。

(8) **Full**：完全邻接状态。这种邻接出现在 Router LSA 和 Network LSA 中。

6) OSPF 泛洪

Flooding 采用两种报文：

```
LSU Type 4 --- 链路状态更新报文

LSA Type 5 --- 链路状态确认报文
{
Hello Type 1 --- Hello 协议报文
DD(Data Description) Type 2 ---- 链路数据描述报文
LSR Type 3 ---- 链路状态请求报文
}
```

在 P-P 网络，路由器以组播方式将更新报文发送到组播地址 224.0.0.5。

在 P-MP 和虚链路网络，路由器以单播方式将更新报文发送至邻接邻居的接口地址。

在广播型网络，DRother 路由器只能和 DR&BDR 形成邻接关系，所以更新报文将发送到 224.0.0.6，相应的 DR 以 224.0.0.5 泛洪 LSA 并且 BDR 只接收 LSA，不会确认和泛洪这些更新，除非 DR 失效。在 NBMA 型网络中，LSA 以单播方式发送到 DR BDR，并且 DR 以单播方式发送这些更新。

LSA 通过序列号、校验和和老化时间保证 LSDB 中的 LSA 是最新的。

Seq：序列号(Seq)的范围是 0x80000001 到 0x7fffffff。

Checksum：校验和(Checksum)计算除了 Age 字段以外的所有字段，每 5 分钟校验 1 次。

Age：范围是 0~3600 秒，16 位长。当路由器发出 1 个 LSA 后，就把 Age 设置为 0，当这个 LSA 经过 1 台路由器以后，Age 就会增加 1。LSA 保存在 LSDB 中的时候，老化时间也会增加。

知识库：如何确定哪个 LSA 是最新的

当收到相同的 LSA 的多个实例的时候,将通过下面的方法来确定哪个 LSA 是最新的。

① 比较 LSA 实例的序列号，越大的越新。

② 如果序列号相同，就比较校验和，越大的越新。

③ 如果校验和也相同，就比较老化时间，如果只有 1 个 LSA 拥有 MaxAge(3600 秒)的老化时间，它就是最新的。

④ 如果 LSA 老化时间相差 15 分钟以上(叫作 MaxAgeDiff)，老化时间越小的越新。

⑤ 如果上述都无法区分，则认为这两个 LSA 是相同的。

---

7)　OSPF 区域

区域长度 32 位，可以用十进制，也可以用类似于 IP 地址的点分十进制。

分 3 种通信量。

● Intra-Area Traffic：域内通信量。

● Inter-Area Traffic：域间通信量。

● External Traffic：外部通信量。

路由器类型

(1) Internal Router：内部路由器。

(2) ABR(Area Border Router)：区域边界路由器。

(3) Backbone Router(BR)：骨干路由器。

(4) ASBR(Autonomous System Boundary Router)：自治系统边界路由器。

虚链路(Virtual Link)

以下两种情况需要使用到虚链路。

(1) 通过一个非骨干区域连接到一个骨干区域。

(2) 通过一个非骨干区域连接一个分段的骨干区域两边的部分区域。

虚链接是一个逻辑的隧道(Tunnel)，配置虚链接的一些规则如下。

(1) 虚链接必须配置在两个 ABR 之间。

(2) 虚链接所经过的区域叫 Transit Area，它必须拥有完整的路由信息。

(3) Transit Area 不能是 Stub Area。

(4) 尽可能避免使用虚链接，它增加了网络的复杂程度和加大了排错的难度。

OSPF 区域——OSPF 的精华

Link-state 路由在设计时要求需要一个层次性的网络结构。

OSPF 网络分为以下两个级别的层次：

● 骨干区域(backbone or area 0)。

● 非骨干区域(nonbackbone areas)。

在一个 OSPF 区域中，只能有一个骨干区域，可以有多个非骨干区域，骨干区域的区域号为 0。

各非骨干区域间是不可以交换信息的，他们只能与骨干区域相连，通过骨干区域相互交换信息。

非骨干区域和骨干区域之间相连的路由叫边界路由(ABRs-Area Border Routers)，只有 ABRs 记载了各区域的所有路由表。各非骨干区域内的非 ABRs 只记载了本区域内的路由表，若要与外部区域中的路由相连，只能通过本区域的 ABRs，由 ABRs 连到骨干区域的 BR，再由骨干区域的 BR 连到要到达的区域。

骨干区域和非骨干区域的划分，大大降低了区域内工作路由的负担。

8) LSA 类型

(1) 类型 1(Router LSA)：每个路由器都将产生 Router LSA，这种 LSA 只在本区域内传播，描述了路由器所有的链路和接口，状态和开销。

(2) 类型 2(Network LSA)：在每个多路访问网络中，DR 都会产生这种 Network LSA，它只在产生这条 Network LSA 的区域泛洪描述了所有和它相连的路由器(包括 DR 本身)。

(3) 类型 3(Network Summary LSA)：由 ABR 路由器始发，用于通告该区域外部的目的地址。当其他的路由器收到来自 ABR 的 Network Summary LSA 以后，它不会运行 SPF 算法，它只简单地加上到达那个 ABR 的开销和 Network Summary LSA 中包含的开销，通过 ABR，到达目标地址的路由和开销一起被加进路由表里，这种依赖中间路由器来确定到达目标地址的完全路由(Full Route)实际上是距离矢量路由协议的行为。

(4) 类型 4(ASBR Summary LSA)：由 ABR 发出，ASBR 汇总 LSA 除了所通告的目的

地是一个 ASBR 而不是一个网络外，其他与 Network Summary LSA 相同。

(5) 类型 5(AS External LSA)：发自 ASBR 路由器，用来通告到达 OSPF 自主系统外部的目的地，或者 OSPF 自主系统外部的默认路由的 LSA，这种 LSA 将在全 AS 内泛洪。

(6) 类型 6(Group Membership LSA)。

(7) 类型 7(NSSA External LSA)：来自非完全 Stub 区域(not-so-stubby area)内 ASBR 路由器始发的 LSA 通告，它只在 NSSA 区域内泛洪，这是与 LSA-Type 5 的区别。

(8) 类型 8(External Attributes LSA)。

(9) 类型 9(Opaque LSA(link-local scope))。

(10) 类型 10(Opaque LSA(area-local scope))。

(11) 类型 11(Opaque LSA(AS scope))。

9) OSPF 末梢区域

由于并不是每个路由器都需要外部网络的信息，为了减少 LSA 泛洪量和路由表条目，就创建了末节区域，位于 Stub 边界的 ABR 将宣告一条默认路由到所有的 Stub 区域内的内部路由器。

Stub 区域限制

(1) 所有位于 Stub 区域的路由器必须保持 LSDB 信息同步，并且它们会在它的 Hello 包中设置一个值为 0 的 E 位(E-bit)，因此这些路由器不会接收 E 位为 1 的 Hello 包，也就是说，在 Stub 区域里没有配置成 stub router 的路由器将不能与其他配置成 stub router 的路由器建立邻接关系。

(2) 不能在 Stub 区域中配置虚链接(Virtual Link)，并且虚链接不能穿越 Stub 区域。

(3) Stub 区域里的路由器不可以是 ASBR。

(4) Stub 区域可以有多个 ABR，但是，由于默认路由的缘故，内部路由器无法判定哪个 ABR 才是到达 ASBR 的最佳选择。

(5) NSSA 允许外部路由被宣告到 OSPF 域中来,同时保留 Stub 区域的特征,因此 NSSA 里可以有 ASBR，ASBR 将使用 Type7-LSA 来宣告外部路由，但经过 ABR，Type7 被转换为 Type5。7 类 LSA 通过 OSPF 报头的一个 P-bit 作 Tag，如果 NSSA 里的 ABR 收到 P 位设置为 1 的 NSSA External LSA，它将把 LSA 类型 7 转换为 LSA 类型 5，并把它洪泛到其他区域中；如果收到的是 P 位设置为 0 的 NSSA External LSA，它将不会转换成类型 5 的 LSA,并且,这个类型 7 的 LSA 里的目标地址也不会被宣告到 NSSA 的外部 NSSA 在 IOS11.2 后支持。

(6) Totally Stub area 是完全的 Stub 区域，连类型 3 的 LSA 也不接收。

OSPF 的包类型

OSPF 的包类型为 HELLO：1 用于发现邻居；2 用于建立邻接关系；3 用于维持邻接关系；6 用于确保双向通信；5 用于选举 DR 和 BDR。

Database Description：数据库的描述 DBD 可靠。

Link-state Request：链路状态请求包 LSR 可靠。

Link-state Update：链路状态更新包 LSU 可靠。

Link-state Acknowledgment：链路状态确认包 LSACK。

AS 自治系统(Autonomous System)：一组相互管理下的网络，它们共享同一个路由选择方法，自治系统由地区再划分并必须由 IANA 分配一个单独的 16 位数字。地区通常连接到其他地区，使用路由器创建一个自治系统。

OSPF 单区域及多区域的基本配置命令

配置 LOOPBACK 接口地址：

```
ROUTER(config)#interface loopback 0
ROUTER(config)#ip address IP地址 掩码
```

(1)　OSPF 区域的配置：

```
router ospf 100
network 192.168.1.0 0.0.0.255 area 0
router-id 192.168.2.1 手动设置router-id
area 1 default-cost 50 手动设置开销
#clean ip ospf process
```

(2)　配置 OSPF 明文认证：

```
interface s0
ip ospf authentication
ip ospf authentication-key <密码>
```

(3)　配置 OSPF 密文认证：

```
interface s0
ip ospf authentication
ip ospf message-digest-key 1 md5 7 <密码>
```

(4)　debug ip ospf adj 开启 OSPF 调试：

```
show ip protocols
show ip ospf interface s0
```

(5)　手动配置接口开销、带宽、优先级：

```
inter s0
ip ospf cost 200
bandwith 100
ip ospf priority 0
```

(6)　虚链路的配置：

```
router ospf 100
area <area-id> virtual-link <router-id>
show ip ospf virtual-links
Show ip ospf border-routers
Show ip ospf process-id
Show ip ospf database
```

```
show ip ospf database nssa-external
```

(7) OSPF 路由汇总：

```
Router ospf 1      !对 ASBR 外部的路由进行路由汇总
Summary-address 200.9.0.0 255.255.0.0
Router ospf 1      !执行 AREA1 到 AREA0 的路由汇总
Area 1 range 192.168.16.0 255.255.252.0
```

(8) 配置末节区域：

```
IR area <area-id> stub
ABR area <area-id> stub
```

(9) 配置完全末节区域：

```
IR area <area-id> stub
ABR area <area-id> stub no-summary
```

(10) 配置 NSSA：

```
ASBR router ospf 100
area 1 nssa
ABR router ospf 100
area 1 nssa default-information-orrginate
```

4.1.3　网络层设备

通信技术中常用的网络层设备有路由器、三层交换机和防火墙等。防火墙的组成、原理及配置方法等将在安全情境中讲述，这里只介绍路由器和三层交换机。

1．路由器概述

1)　路由器

路由器工作在 OSI 模型中的第三层，即网络层。路由器利用网络层定义的"逻辑"上的网络地址(即 IP 地址)来区分不同的网络，实现网络的互连和隔离，保持各个网络的独立性。路由器不转发广播消息，而把广播消息限制在各自的网络内部。发送到其他网络的数据应先被送到路由器，再由路由器转发出去。

IP 路由器只转发 IP 分组，把其余的部分挡在网内(包括广播)，从而保持各个网络具有相对的独立性，这样可以组成具有许多网络(子网)互连的大型的网络。由于是在网络层的互连，路由器可方便地连接不同类型的网络，只要网络层运行的是 IP 协议，通过路由器就可互连起来。

网络中的设备用它们的网络地址(TCP/IP 网络中为 IP 地址)互相通信。IP 地址是与硬件地址无关的"逻辑"地址。路由器只根据 IP 地址来转发数据。IP 地址的结构有两部分，一部分定义网络号，另一部分定义网络内的主机号。目前，在 Internet 网络中采用子网掩码来确定 IP 地址中的网络地址和主机地址。子网掩码与 IP 地址一样，也是 32bit，两者是一一对应的，并规定，子网掩码中数字为"1"所对应的 IP 地址中的部分为网络号，为"0"所对应的则为主机号。网络号和主机号合起来，才构成一个完整的 IP 地址。同一个网络中的主机 IP 地址，其网络号必须是相同的，这个网络称为 IP 子网。

数据链路层的通信只能在具有相同网络号的 IP 地址间进行，要与其他 IP 子网的主机进行通信，则必须经过同一网络上的某个路由器或网关(gateway)出去。不同网络号的 IP 地址不能直接通信，即使它们接在一起，也不能通信。

路由器有多个端口，用于连接多个 IP 子网。每个端口的 IP 地址的网络号要求与所连接的 IP 子网的网络号相同。不同的端口为不同的网络号，对应不同的 IP 子网，这样才能使各子网中的主机通过自己子网的 IP 地址把要求出去的 IP 分组送到路由器上。

2) 路由原理

当 IP 子网中的一台主机发送 IP 分组给同一 IP 子网的另一台主机时，它将直接把 IP 分组送到网络上，对方能收到。而要送给不同 IP 子网上的主机时，它要选择一个能到达目的子网的路由器，把 IP 分组送给该路由器，由路由器负责把 IP 分组送到目的地。如果没有找到这样的路由器，主机就把 IP 分组送给一个称为默认网关(Default Gateway)的路由器。"默认网关"是每台主机上的一个配置参数，它是接在同一个网络上的某个路由器端口的 IP 地址。

路由器转发 IP 分组时，只根据 IP 分组目的 IP 地址的网络号部分，选择合适的端口，把 IP 分组送出去。同主机一样，路由器也要判定端口所接的是否是目的子网，如果是，就直接把分组通过端口送到网络上，否则，也要选择下一个路由器来传送分组。路由器也有它的默认网关，用来传送不知道往哪儿送的 IP 分组。这样，通过路由器把知道如何传送的 IP 分组正确转发出去，不知道的 IP 分组送给"默认网关"路由器，这样一级级地传送，IP 分组最终将送到目的地，送不到目的地的 IP 分组则被网络丢弃了。

目前 TCP/IP 网络，全部是通过路由器互连起来的，Internet 就是成千上万个 IP 子网通过路由器互连起来的国际性网络。这种网络称为以路由器为基础的网络(Router Based Network)，形成了以路由器为节点的"网间网"。在"网间网"中，路由器不仅负责对 IP 分组的转发，还要负责与别的路由器进行联络，共同确定"网间网"的路由选择和维护路由表。

路由动作包括两项基本内容：寻径和转发。寻径即判定到达目的地的最佳路径，由路由选择算法来实现。由于涉及到不同的路由选择协议和路由选择算法，要相对复杂一些。为了判定最佳路径，路由选择算法必须启动并维护包含路由信息的路由表，其中路由信息依赖于所用的路由选择算法而不尽相同。

路由选择算法将收集到的不同信息填入路由表中，根据路由表，可将目的网络与下一站(nexthop)的关系告诉路由器。路由器间互通信息，进行路由更新，更新维护路由表使之正确反映网络的拓扑变化，并由路由器根据量度来决定最佳路径。这就要使用路由选择协议(Routing Protocol)，例如路由信息协议(RIP)、开放式最短路径优先协议(OSPF)和边界网关协议(BGP)等。

转发即沿寻径好的最佳路径传送信息分组。路由器首先在路由表中查找,判明是否知道如何将分组发送到下一个站点(路由器或主机),如果路由器不知道如何发送分组,通常将该分组丢弃;否则就根据路由表的相应表项,将分组发送到下一个站点,如果目的网络直接与路由器相连,路由器就把分组直接送到相应的端口上。这就是路由转发协议(Routed Protocol)。

路由转发协议和路由选择协议是相互配合又相互独立的概念,前者使用后者维护的路由表,同时,后者要利用前者提供的功能来发布路由协议数据分组。下面提到的路由协议,除非特别说明,都是指路由选择协议,这也是普遍的习惯。

3) 路由协议

前面介绍过典型的路由选择方式有两种:静态路由和动态路由。路由器就是利用这种协议工作的典型设备。

2. 三层交换机

传统路由器在网络中起到隔离网络、隔离广播、路由转发以及防火墙的作用,并且随着网络的不断发展,路由器的负荷也在迅速增长。其中一个重要原因是出于安全和管理方便等方面的考虑,VLAN(虚拟局域网)技术在网络中大量应用。VLAN技术可以逻辑隔离各个不同的网段、端口甚至主机,而各个不同VLAN间的通信都要经过路由器来完成转发。由于局域网中数据流量很大,VLAN间大量的信息交换都要通过路由器来完成转发,这时候,随着数据流量的不断增长,路由器就成为网络的瓶颈。为了消除局域网络的这个瓶颈,很多企业内部、学校和小区建设局域网时都采用了三层交换机。三层交换技术将交换技术引入到网络层,三层交换机的应用也从最初网络中心的骨干层、汇聚层一直渗透到网络边缘的接入层。

1) 三层交换的概念

第三层交换技术也称为IP交换技术或高速路由技术等,是相对于传统交换概念而提出的。众所周知,传统的交换技术是在OSI网络标准模型中的第二层——数据链路层进行操作的,而第三层交换技术是在网络模型中的第三层实现了数据包的高速转发。简单地说,第三层交换技术就是:第二层交换技术+第三层转发技术,这是一种利用第三层协议中的信息来加强第二层交换功能的机制。一个具有第三层交换功能的设备是一个带有第三层路由功能的第二层交换机,但它是二者的有机结合,并不是简单地把路由器设备的硬件及软件简单地叠加在局域网交换机上。

2) 三层交换的原理

从硬件的实现上看,目前,第二层交换机的接口模块都是通过高速背板/总线交换数据的。在第三层交换机中,与路由器有关的第三层路由硬件模块也插接在高速背板/总线上,这种方式使得路由模块可以与需要路由的其他模块间高速地交换数据,从而突破了传统的外接路由器接口速率的限制(10～100Mb/s)。在软件方面,第三层交换机将传统的基于软件的路由器重新进行了界定。

(1) 数据封包的转发：如 IP/IPX 封包的转发，这些有规律的过程通过硬件高速实现。

(2) 第三层路由软件：如路由信息的更新、路由表维护、路由计算、路由的确定等功能，用优化、高效的软件实现。

假设有两个使用 IP 协议的站点，通过第三层交换机进行通信的过程为：若发送站点 A 在开始发送时，已知目的站 B 的 IP 地址，但尚不知道它在局域网上发送所需要的 MAC 地址，则需要采用地址解析(ARP)来确定 B 的 MAC 地址。A 把自己的 IP 地址与 B 的 IP 地址比较，采用其软件中配置的子网掩码，提取出网络地址，来确定 B 是否与自己在同一子网内。若 B 与 A 在同一子网内，A 广播一个 ARP 请求，B 返回其 MAC 地址，A 得到 B 的 MAC 地址后，将这一地址缓存起来，并用此 MAC 地址封包转发数据，第二层交换模块查找 MAC 地址表，确定将数据包发向目的端口。若两个站点不在同一子网内，则 A 要向"默认网关"发出 ARP(地址解析)封包，而"默认网关"的 IP 地址已经在系统软件中设置，这个 IP 地址实际上对应第三层交换机的第三层交换模块。当 A 对"默认网关"的 IP 地址广播出一个 ARP 请求时，若第三层交换模块在以往的通信过程中已得到 B 的 MAC 地址，则向发送站 A 回复 B 的 MAC 地址；否则，第三层交换模块根据路由信息向目的站广播一个 ARP 请求，B 得到此 ARP 请求后，向第三层交换模块回复其 MAC 地址，第三层交换模块保存此地址，并回复给发送站 A。

以后，当再进行 A 与 B 之间的数据包转发时，将用最终的目的站点的 MAC 地址封包，数据转发过程全部交给第二层交换处理，信息得以高速交换。

3) 第三层交换的特点

突出的特点如下。

(1) 有机的硬件结合使得数据交换加速。

(2) 优化的路由软件使得路由过程效率提高。

(3) 除了必要的路由决定过程外，大部分数据转发过程由第二层交换处理。

(4) 多个子网互连时，只是与第三层交换模块的逻辑连接，不像传统的外接路由器那样需增加端口，保护了用户的投资。

第三层交换的目标是，只要在源地址和目的地址之间有一条更为直接的第二层通路，就没有必要经过路由器转发数据包。第三层交换使用第三层路由协议确定传送路径，此路径可以只用一次，也可以存储起来，供以后使用。之后，数据包通过一条虚电路，绕过路由器快速发送。

第三层交换技术的出现，解决了局域网中网段划分之后，网段中子网必须依赖路由器进行管理的局面，解决了传统路由器低速、复杂所造成的网络瓶颈问题。当然，三层交换技术并不是网络交换机与路由器的简单叠加，而是二者的有机结合，形成一个集成的、完整的解决方案。

4) 第三层交换机的应用

第三层交换机的主要用途，是代替传统路由器作为网络的核心，因此，凡是没有广域连接需求，同时又需要路由器的地方，都可以用第三层交换机来代替。在企业网和校园网中，一般会将第三层交换机用在网络的核心层，用第三层交换机上的千兆端口或百兆端口连接不同的子网或 VLAN。第三层交换机解决了局域网 VLAN 必须依赖路由器进行管理的局面，解决了传统路由器速度低、复杂所造成的网络瓶颈问题。利用三层交换机在局域网中划分 VLAN，可以满足用户端多种灵活的逻辑组合，防止了广播风暴的产生，对不同 VLAN 之间，可以根据需要设定不同的访问权限，以此增加网络的整体安全性，极大地提高了网络管理员的工作效率，而且第三层交换机可以合理配置信息资源，降低网络配置成本，使得交换机之间的连接变得灵活。

3. 网络互连时的子网

1) 子网的作用

子网划分是为了简化管理、易于扩大地理范围。因为 A、B、C 三类的地址范围比较大，造成 IP 地址浪费比较严重，为了提高 IP 地址的利用率，将 A、B、C 三个类别的地址利用掩码进行再划分，成为更细的网段，尽量节约 IP 地址，避免浪费。

子网划分借助于取走主机位，把这个取走的部分作为子网位，子网号和各子网的广播地址要占用两个地址，因此划分了子网的子网，主机将更少。从这个意义上说，子网划分不仅没有增加可用的 IP 地址数量，相反，是减少了可用的 IP 地址数目。当然，这是一个片面的、错误的理解；采用子网划分虽然浪费了一两个地址，但解决了大段网络地址浪费的问题。

2) 划分子网的方法

子网掩码用于辨别 IP 地址中哪部分为网络地址，哪部分为主机地址，由 1 和 0 组成，长 32 位，全为 1 的位代表网络号。不是所有的网络都需要子网，因此就引入 1 个概念：默认子网掩码(Default Subnet Mask)。A 类 IP 地址的默认子网掩码为 255.0.0.0；B 类的为 255.255.0.0；C 类的为 255.255.255.0。

Classless Inter-Domain Routing(CIDR)

CIDR 叫作无类域间路由，ISP 常用这样的方法给客户分配地址，ISP 提供给客户 1 个块(Block Size)，类似于 192.168.10.32/28，这排数字告诉用户，用户的子网掩码是多少，/28 代表掩码中有 28 位为 1。最大/32。但是用户必须知道的一点是：不管是 A 类还是 B 类，还是其他类地址，最大可用的只能为/30，即保留 2 位给主机位。

(1) CIDR 值。

① 掩码 255.0.0.0 或写成/8(A 类地址默认掩码)。

② 掩码 255.255.0.0 或写成/16(B 类地址默认掩码)。

③ 掩码 255.255.255.0 或写成/24(C 类地址默认掩码)。

(2) 划分 A 类、B 类和 C 类地址子网。

划分子网的几个捷径。

① 计算所选择的子网掩码将会产生多少个子网。2^x-2(x 代表子网位，即 2 进制为 1 的部分)，例如网络地址 192.168.1.1，掩码 255.255.255.192，因为是 C 类地址，掩码为 255.255.255.0。那么 255.255.255.192(x.x.x.11000000)使用了两个 1 来作为子网位。由于 0、

1 子网现在都可用，所以子网计算又可以直接表述成 2^x。

② 计算每个子网能有多少主机。2^y-2(y 代表主机位，即 2 进制为 0 的部分)。

③ 计算每个子网的广播地址。广播地址 = 下个子网号 - 1。

④ 计算每个子网的有效主机分别是什么。忽略子网内全为 0 和全为 1 的地址，剩下的就是有效的主机地址。

最后有效的 1 个主机地址 = 下个子网号 - 2(即广播地址 - 1)。

(3) 根据上述捷径划分子网的具体实例。

C 类地址划分——例 1。

网络地址为 192.168.10.0；子网掩码为 255.255.255.192(/26)。

① 子网数 = $2^2-2=2$(当 0、1 子网都使用时是 4)。

② 主机数 = $2^6-2=62$。

③ 广播地址：下个子网-1。所以 2 个子网的广播地址分别是 192.168.10.127 和 192.168.10.191。

④ 有效主机范围：第一个子网的主机地址是 192.168.10.65 到 192.168.10.126；第二个是 192.168.10.129 到 192.168.10.190。

C 类地址划分——例 2。

网络地址为 192.168.10.0；子网掩码为 255.255.255.128(/26)，这个子网掩码能在你需要两个子网(每个子网 120 台主机)时给你帮助，不过，这是在特殊情况下实现的。在一般路由器的全局配置模式下，应先输入 ip subnet zero 命令，来告诉你的路由器打破规则，并使用一个 1 位的子网掩码(这个命令通常在运行 CISCO IOS 12.x 的所有路由器上默认存在)。

① 子网数 = 2。

② 主机数 = $2^7-2=126$。

③ 广播地址：下个子网 - 1。所以 2 个子网的广播地址分别是 192.168.10.127 和 192.168.10.255。

⑤ 有效主机范围：第一个子网的主机地址是 192.168.10.1 到 192.168.10.126；第二个是 192.168.10.129 到 192.168.10.254。

B 类地址划分——例 1。

网络地址为 172.16.0.0；子网掩码为 255.255.255.128(/25)。

注意，这个不是 C 类地址的子网掩码，这样的划分可以创建 510 个子网，每个子网有 126 个主机，是一个很好的组合。

① 子网数 = $2^9-2=510$。

② 主机数 = $2^7-2=126$。

③ 广播地址：下个子网 - 1。所以第一个子网和最后 1 个子网的广播地址分别是 172.16.0.255 和 172.16.255.127。

④ 有效主机范围：第一个子网的主机地址是 172.16.0.129 到 172.16.0.254；最后 1 个是 172.16.255.0 到 172.16.255.126。

B 类地址划分——例 2。

网络地址为 172.16.0.0；子网掩码为 255.255.192.0(/18)。

① 子网数 $= 2^2 - 2 = 2$。

② 主机数 $= 2^{14} - 2 = 16382$。

③ 广播地址：下个子网 – 1。所以两个子网的广播地址分别是 172.16.127.255 和 172.16.191.255。

④ 有效主机范围：第一个子网的主机地址是 172.16.64.1 到 172.16.127.254；第二个是 172.16.128.1 到 172.16.191.254。

4.2 情境训练：多网络互连

掌握了以上这些知识以后，就可以进行网络互连了。在这一情境中，让我们以两个局域网的组建及互连为例，完成相关的操作。

对于如图 4-5 所示意的网络场景，其中两个局域网各自独立，互无隶属关系，一个采用 192.168.0.0 网段，另一个采用 192.168.1.0 网段。左边一个局域网，三个 VLAN(VLAN10、VLAN20、VLAN30)各有二十台计算机，VLAN50 有 60 台计算机；右边的局域网三个 VLAN(VLAN10、VLAN20、VLAN30)，各有 40 台计算机，请根据需求进行子网划分。

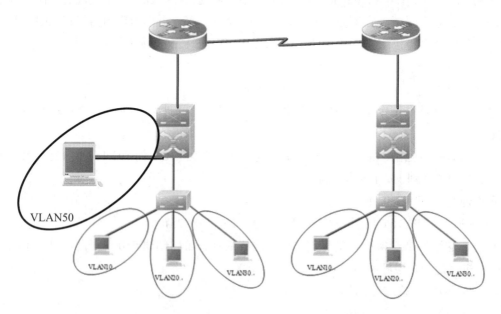

图 4-5 用路由器完成两个局域网的连接

在两台路由器上分别用静态路由、RIP、OSPF 完成路由功能。

4.3　知 识 拓 展

如图 4-6 所示的网络场景，是使用多台路由器互联的网络，在这样的网络中，需要解决 EIGRP 协议连接网络，实现网络互联。使用 EIGRP 协议连接网络，实现网络互联，需要解决的问题有：

● 掌握 EIGRP 的不等价均衡的条件。

● 掌握 EIGRP 的 metric 值修改方法。

● 掌握 EIGRP 的 AD、FD、FC、Successor、FS 概念。

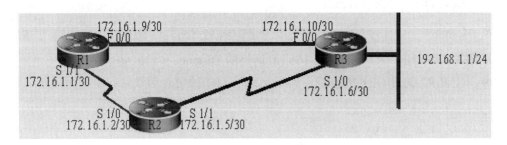

图 4-6　采用 EIGRP 的网络连接

针对以上问题，具体操作如下。

(1) 配置各台路由器的 IP 地址，并且使用 Ping 命令确认各路由器的直连口的互通性。

(2) 在三台路由配置 EIGRP 自治系统编号为 50。

(3) 观察 R1 到达 R3 的 192.168.1.0/24 网络的路由。

```
R1#show ip route
    172.16.0.0/30 is subnetted, 3 subnets
C    172.16.1.8 is directly connected, FastEthernet0/0
D    172.16.1.4 [90/2172416] via 172.16.1.10, 00:00:11, FastEthernet0/0
C    172.16.1.0 is directly connected, Serial1/1
D  192.168.1.0/24 [90/156160] via 172.16.1.10, 00:00:11, FastEthernet0/0
R1#
```

(4) 为了提高网络传输性能，需要同时使用下一跳为 172.16.1.2 的路由，即使用另外一条 metric 值不相等的路径做均衡负载。

(5) 如果需要使用另外一条路径，则需要确保 R2 成为 R1 到达 192.168.1.0/24 网络的可行后继(FS)，要想成为 FS，则需要满足可行条件(FC)。

(6) 在 R1 上查看 EIGRP 的拓扑表，没有发现 R2 出现在 R1 的拓扑表中：

```
R1#show ip eigrp 50 topology
...
P 192.168.1.0/24, 1 successors, FD is 156160
     via 172.16.1.10 (156160/128256), FastEthernet0/0
```

```
P 172.16.1.8/30, 1 successors, FD is 28160
        via Connected, FastEthernet0/0
...
```

(7) 查看完整的拓扑表内容：

```
R1#show ip eigrp 50 topology all-links
...
P 192.168.1.0/24, 1 successors, FD is 156160, serno 6
        via 172.16.1.10 (156160/128256), FastEthernet0/0
        via 172.16.1.2 (2809856/2297856), Serial1/1
...
```

(8) 确认 FC(可行条件)公式：

```
AD of secondary-best route < FD of best route(Successor) = Feasible Successor
```

根据本例可得出：R2 到达 192.168.1.0 网络的 Distance < 156160。

(9) 配置 R2 的 EIGRP 的度量，确保 R2 成为 R1 的可行后继者：

```
R2#configure terminal
R2(config)#interface serial 1/1
R2(config-if)#bandwidth 10000000
R2(config-if)#delay 10
R2(config)#exit
```

(10) 查看 R1 的拓扑表：

```
R1#show ip eigrp topology all-links
...
P 192.168.1.0/24, 1 successors, FD is 156160, serno 6
        via 172.16.1.10 (156160/128256), FastEthernet0/0
        via 172.16.1.2 (2300416/130816), Serial1/1
...
```

(11) 根据如下公式配置 R1 的 EIGRP 的 variance 值：

$$FD\ of\ FS\ route < FD\ of\ best\ route(Successor) * Varince$$

根据公式可得出：

```
2300416 < 156160 * x
x≈14.73
```

(12) 为了测试，先在 R1 上配置 variance 值为 14，观察路由表：

```
R1(config)#router eigrp 50
R1(config-router)#variance 14
R1(config-router)#exit
R1(config)#exit
R1#clear ip router *
```

```
R1#show ip route
...
C      172.16.1.0 is directly connected, Serial1/1
D    192.168.1.0/24 [90/156160] via 172.16.1.10, 00:00:00, FastEthernet0/0
...
R1#
```

(13) 将 R1 的 variance 值修改为 15 后，观察路由表：

```
R1(config)#router eigrp 50
R1(config-router)#variance 15
R1(config-router)#exit
R1(config)#exit
R1#clear ip router *
R1#show ip route
...
C      172.16.1.0 is directly connected, Serial1/1
D    192.168.1.0/24 [90/156160] via 172.16.1.10, 00:00:01, FastEthernet0/0
                    [90/2300416] via 172.16.1.2, 00:00:01, Serial1/1
R1#
```

4.4　操　作　练　习

操作与练习 4-1　路由器的基本配置

① 路由器命令行操作模式的进入：

```
Red-Giant>enable         !进入特权模式
Red-Giant#
Red-Giant#configure terminal            !进入全局配置模式
Red-Giant(config)#
Red-Giant(config)#interface fastEthernet 1/0    !进入路由器 F1/0 的接口模式
Red-Giant(config-if)#
Red-Giant(config-if)#exit            !退回到上一级操作系统
Red-Giant(config)#
Red-Giant(config-if)#end             !直接退回的到特权模式
Red-Giant#
```

② 路由器命令行的基本功能：

帮助信息

```
Red-Giant>?
Exec commands:
  <1-99>     Session number to resume
disable  Disconnect an existing network connection
```

```
enable      Turn on privileged commands
exit        Exit from the EXEC
help        Description of the interactive help system
ping        Send echo messages
show        Show running system information
start-terminal-service  Start terminal service
telnet      Open a telnet connection
```

命令的简写
```
Red-Giant#conf ter
   !路由器命令行支持命令的简写,该命令代表 configure terminal
Red-Giant(config)#
```

命令的自动补齐
```
Red-Giant#conf   !(按键盘的 Tab 键自动补齐 configure),路由器支持命令的自动补齐
Red-Giant#configure
```

命令的快捷键功能
```
Red-Giant(config-if)#^Z
Red-Giant#
Red-Giant#ping 1.1.1.1
Sending 5, 100-byte ICMP Echos to 1.1.1.1,
timeout is 2000 milliseconds
```

【注意事项】

① 命令行操作进行自动补齐或命令简写时,要求所简写的字母必须能够唯一区别命令。如 Red-Giant# conf 可以代表 configure,但 Red-Giant#co 无法代表 configure,因为 co 开头的命令有两个——copy 和 configure,设备无法区别。

② 注意区别每个操作模式下可执行的命令种类。路由器不可以跨模式执行命令。

操作与练习 4-2　路由器的全局配置

① 路由器设备名称的配置:

```
Red-Giant>enable
Red-Giant#configure terminal
Red-Giant(config)#hostname RouterA
RouterA(config)#
```

② 路由器每日提示信息的配置:

```
Red-Giant(config)#banner motd &
Enter TEXT message.  End with the character '&'.
Welcome to RouterA, if you are admin, you can config it.
If you are not admin, please EXIT
&
```

③　验证测试：

```
RouterA(config)#exit
RouterA#exit
RouterA#exit

Press RETURN to get started.
Welcome to RouterA, if you are admin, you can config it.
If you are not admin, please EXIT
RouterA>
```

操作与练习 4-3　路由器的端口基本配置

①　路由器 A 端口参数的配置：

```
Red-Giant>enable
Red-Giant#configure terminal
Red-Giant(config)#hostname Ra
Ra(config)#interface serial 1/2    !运行 S1/2 的端口模式
Ra(config-if)#ip address 1.1.1.1 255.255.255.0   !配置端口的 IP 地址
Ra(config-if)#clock rate 64000    !在 DCE 接口上的时钟频率为 64000Hz
Ra(config-if)#bandwidth 512    !配置端口的带宽速率为 512kb/s
Ra(config-if)#no shutdown      !开启该端口，使端口转发数据
```

②　路由器 B 端口参数的配置：

```
Red-Giant>enable
Red-Giant#configure terminal
Red-Giant(config)#hostname Rb
Rb(config)#interface serial 1/2    !运行 S1/2 的端口模式
Rb(config-if)#ip address 1.1.1.1 255.255.255.0   !配置端口的 IP 地址
Rb(config-if)#clock rate 64000    !在 DCE 接口上的时钟频率为 64000
Rb(config-if)#bandwidth 512    !配置端口的带宽速率为 512kb/s
Rb(config-if)#no shutdown      !开启该端口，使端口转发数据
```

③　查看路由器端口配置的参数：

```
Ra#show interface serial 1/2  !查看 RA serial 1/2 接口的状态
Ra#show ip interface serial 1/2   !查看该端口的 IP 协议相关属性
Rb#show interface serial 1/2  !查看 RB serial 1/2 接口的状态
Rb#show ip interface serial 1/2   !查看该端口的 IP 协议相关属性
```

④　验证配置：

```
Ra#ping 1.1.1.2  !在 RA ping 对端 RB serial 1/2 接口的 IP
```

【注意事项】

①　路由器端口默认情况下是关闭的，需要通过 no shutdown 开启端口。

②　Serial 接口正常的端口速率最大是 2.048Mb/s。

③ 要留意 Show interface 和 show ip interface 之间的区别。

操作与练习 4-4   静态路由配置

① 在路由器 Router1 上配置接口的 IP 地址和串口上的时钟频率：

```
Router1(config)#interface fastEthernet 1/0
Router1(config-if)#ip address 172.16.1.1 255.255.255.0
Router1(config-if)#no shutdown
Router1(config)#interface serial 1/2
Router1(config-if)#ip address 172.16.2.1 255.255.255.0
Router1(config-if)#clock rate 64000
Router1(config-if)#no shutdown
!验证测试：验证路由器接口的配置
Router1#show ip interface brief
!注意：查看接口的状态
Router1#show interface serial 1/2
```

② 在路由器 Router1 上配置静态路由：

```
Router1(config)#ip route 172.16.3.0 255.255.255.0 172.16.2.2
```

或：

```
Router1(config)#ip route 172.16.3.0 255.255.255.0 serial 1/2
!验证测试：验证 Router1 上的静态路由配置
Router1#show ip route
```

③ 在路由器 Router2 上配置接口的 IP 地址和串口上的时钟频率：

```
Router2(config)#interface fastEthernet 1/0
Router2(config-if)#ip address 172.16.3.2 255.255.255.0
Router2(config-if)#no shutdown
Router2(config)#interface serial 1/2
Router2(config-if)#ip address 172.16.2.2 255.255.255.0
Router2(config-if)#clock rate 64000
Router2(config-if)#no shutdown
!验证测试：验证路由器接口的配置
Router2#show ip interface brief
Router2#show interface serial 1/2
```

④ 在路由器 Router2 上配置静态路由：

```
Router2(config)#ip route 172.16.1.0 255.255.255.0 172.16.2.1
```

或：

```
Router2(config)#ip route 172.16.1.0 255.255.255.0 serial 1/2
!验证测试：验证 Router2 上的静态路由配置
Router2#show ip route
```

⑤　测试网络的互联互通性：

```
C:\>ping 172.16.3.22   !在 PC1 Ping PC2
Pinging 172.16.3.22 with 32 bytes of date:
Reply from 172.16.3.22 : bytes=32  time < 10ms  TTL=126
Reply from 172.16.3.22 : bytes=32  time < 10ms  TTL=126
Reply from 172.16.3.22 : bytes=32  time < 10ms  TTL=126
Reply from 172.16.3.22 : bytes=32  time < 10ms  TTL=126


C:\>ping 172.16.1.11   !在 PC2 Ping PC1
Pinging 172.16.1.11 with 32 bytes of date:
Reply from 172.16.1.11 : bytes=32  time < 10ms  TTL=126
Reply from 172.16.1.11 : bytes=32  time < 10ms  TTL=126
Reply from 172.16.1.11 : bytes=32  time < 10ms  TTL=126
Reply from 172.16.1.11 : bytes=32  time < 10ms  TTL=126
```

操作与练习 4-5　RIP 路由协议配置

①　基本配置。

```
!三层交换机基本配置
Switch#configure terminal
Switch(config)#hostname s3550
s3550 (config)#vlan 10
s3550 (config-vlan)#exit
s3550 (config)#vlan 50
s3550 (config-vlan)#exit
s3550 (config)#interface f0/1
s3550(config-if)#switchport access vlan 10
s3550 (config-if)#exit
s3550 (config)#interface f0/5
s3550 (config-if)#switchport access vlan 50
s3550 (config-if)#exit
s3550 (config)#interface vlan 10
s3550 (config-if)ip address 172.16.1.2 255.255.255.0
s3550 (config-if)no shutdown
s3550 (config-if)exit
s3550 (config)#interface vlan 50
s3550 (config-if)ip address 172.16.5.1 255.255.255.0
s3550 (config-if)no shutdown
s3550 (config-if)exit
!验证测试
S3550#show vlan
!路由器基本配置
Router1(config)#interface fastethernet 1/0
Router1(config-if)#ip address 172.16.1.1 255.255.255.0
Router1(config-if)#no shutdown
```

```
Router1(config-if)#exit
Router1(config)#interfaceserial1/2
Router1(config-if)#ip address 172.16.2.1 255.255.255.0
Router1(config-if)#clock rate 64000
Router1(config-if)#no shutdown
Router2(config)#interface fastethernet 1/0
Router2(config-if)#ip address 172.16.3.1 255.255.255.0
Router2(config-if)#no shutdown
Router2(config-if)#exit
Router2(config)#interfaceserial1/2
Router2(config-if)#ip address 172.16.2.2 255.255.255.0
Router2(config-if)#clock rate 64000
Router2(config-if)#no shutdown
!验证测试：验证路由器接口的配置和状态
Router1#show ip interface brief
Router#show ip interface brief
```

② 配置 RIPv2 路由协议：

```
S3550(config)#router rip
S3550(config-router)#network 172.16.1.0
S3550(config-router)#network 172.16.5.0
S3550(config-router)#version2
S3550(config-router)#no auto-summary
!Router1 配置 RIPv2 协议
S3550(config)#router rip
S3550(config-router)#network 172.16.1.0
S3550(config-router)#network 172.16.2.0
S3550(config-router)#version2
S3550(config-router)#no auto-summary
!Router2 配置 RIP 协议
S3550(config)#router rip
S3550(config-router)#network 172.16.2.0
S3550(config-router)#network 172.16.3.0
S3550(config-router)#version2
S3550(config-router)#no auto-summary
```

③ 验证三台路由设备的路由表，查看是否自动学习了其他网段的路由信息：

```
S3550#show ip route
Router1#show ip route
Router2#show ip route
```

④ 测试网络的连通性：

```
C:/ping 172.16.3.22  !从 PC1 ping PC3
```

【注意事项】

在串口上配置时钟频率时，一定要在电缆 DCE 端的路由器上配置，否则链路不通。

no auto-summary 功能只有 RIPv2 才支持。S3550-24 没有 no auto-summary 命令。

PC 主机网关一定要指向直连接口 IP 地址，例如，PC1 网关指向三层交换机 VLAN50 的 IP 地址。

操作与练习 4-6 OSPF 单域路由协议配置

① 三层交换机及路由器的基本配置：

```
!三层交换机的基本配置
Switch#configure terminal
Switch(config)#hostname s3550
s3550(config)#vlan 10
s3550(config-vlan)#exit
s3550(config)#vlan 50
s3550(config-vlan)#exit
s3550(config)#interface f0/1
s3550(config-if)#switchport access vlan 10
s3550(config-if)#exit
s3550(config)#interface f0/5
s3550(config-if)#switchport access vlan 50
s3550(config-if)#exit
s3550(config)#interface vlan 50
s3550(config-if)#ip address 172.16.5.1 255.255.255.0
s3550(config-if)#no shutdown
s3550(config-if)#exit
!验证测试
s3550#show vlan
!路由器的基本配置
Router1(config)#interface f 1/0
Router1(config-if)#ip address 172.16.1.1 255.255.255.0
Router1(config-if)#no shutdown
Router1(config-if)#exit
Router1(config)#interface s 1/2
Router1(config-if)#ip address 172.16.2.1 255.255.255.0
Router1(config-if)#clock rate 64000
Router1(configif)#no shutdown
Router2config)#interface f 1/0
Router2(config-if)#ip address 172.16.3.1 255.255.255.0
Router2(config-if)#no shutdown
Router2(config-if)#exit
Router2(config)#interface s 1/2
Router2(config-if)#ip address 172.16.2.2255.255.255.0
Router2(configif)#no shutdown
```

!验证测试：验证路由器接口的配置和状态

```
Router1#show ip interface brief
Router2#show ip interface brief
```

② 配置 OSPF 路由协议：

```
!S3550 配置 OSPF
S3550(config)#router ospf
S3550(config-router)#network 172.16.5.0 0.0.0.255 area 0
!申明直连网段信息，并分配区域号
S3550(config-router)#network 172.16.1.0 0.0.0.255 area 0
S3550(config-router)#end
!Router1 配置 OSPF
Router1(config)#router ospf
Router1(config-router)#network 172.16.1.0 0.0.0.255 area 0
Router1(config-router)#network 172.16.2.0 0.0.0.255 area 0
Router1(config-router)#end
!Router2 配置 OSPF
Router2(config)#router ospf
Router2(config-router)#network 172.16.2.0 0.0.0.255 area 0
Router2(config-router)#network 172.16.3.0 0.0.0.255 area 0
Router2(config-router)#end
```

③ 查看验证三台路由设备的路由表，查看是否自动学习了其他网段的路由信息：

```
S3550#show ip route
Router1#show ip route
Router2#show ip route
```

④ 测试网络的连通性：

```
C:\>ping 172.16.3.22
```

【注意事项】

① 在串口上配置时钟频率时，一定要在电缆 DCE 端的路由器上配置，否则连不通。
② 在申明直连网段时，注意要写该网段的反掩码。
③ 在申明直连网段时，必须指明所属的区域。

4.5 理 论 练 习

(1) IPv4 定义的 IP 地址长度是(   )位；物理设备的 MAC 地址是(   )位。

　　A. 32/48　　　　　B. 64/48　　　　　C. 32/64　　　　　D. 48/64

(2) 下面 IP 地址有效的是(   )。

　　A. 202.280.130.45　　　　　　　　B. 130.192.290.45

C.　192.202.130.45　　　　　　　　D.　280.192.33.45

(3) IP 地址是 192.55.12.120，子网掩码是 255.255.255.240，那么子网号是(　)；主机号是(　)；直接的广播地址是(　)。

A.　0.0.0.112　　　B.　0.0.0.120　　　C.　0.0.12.120　　D.　0.0.12.0

E.　0.0.12.8　　　　F.　0.0.0.8　　　　G.　0.0.0.127　　　H.　255.255.255.255

I.　192.55.12.127　　J.　192.55.12.120　　K.　192.55.12.112

(4) 如果主机地址的前 10 位用于子网，那么，184.231.138.239 的子网掩码是(　)。

A.　255.255.192.0　　　　　　　　B.　255.255.255.240

C.　255.255.255.224　　　　　　　D.　255.255.255.192

(5) 如果子网掩码是 255.255.192.0，那么下面的主机必须通过路由器才能与主机 129.23.144.16 通信的是(　)。

A.　129.23.191.21　　　　　　　　B.　129.23.127.222

C.　129.23.130.33　　　　　　　　D.　129.23.148.127

(6) 为了保证全网的正确通信，与 Internet 连网的每台主机都被分配了一个唯一的地址，该地址称为(　)。

A.　TCP 地址　　　　　　　　　　B.　IP 地址

C.　WWW 服务器地址　　　　　　D.　WWW 客户机地址

(7) 计算机拨号上网后，该计算机(　)。

A.　可以拥有多个 IP 地址　　　　B.　拥有一个固定的 IP 地址

C.　拥有一个动态的 IP 地址　　　D.　没有自己的 IP 地址

(8) 在 Internet 中，IP 地址采用(　)。

A.　4 个字节对应的 32 位二进制数，由 3 个小数点隔开的数字域组成

B.　4 个字节对应的 32 位二进制数，由 4 个小数点隔开的数字域组成

C.　2 个字节对应的 16 位二进制数，由 4 个小数点隔开的数字域组成

D.　3 个字节对应的 24 位二进制数，由 4 个小数点隔开的数字域组成

(9) 以下 IP 地址中，属于 C 类地址是(　)。

A.　123.213.12.23　　　　　　　　B.　213.123.23.12

C.　23.123.213.23　　　　　　　　D.　132.123.32.12

(10) 在以太局域网中，将以太网卡地址映射为 IP 地址的协议是(　)。

A.　RARP　　　B.　HTTP　　　C.　UDP　　　D.　SMTP

(11) 在给主机配置 IP 地址时，下列地址能使用的是(　)。

A.　29.9.255.18　　　　　　　　　B.　127.21.19.109

C.　192.5.91.255　　　　　　　　　D.　220.103.256.56

(12) 关于子网掩码，以下说法正确的是(　)。

A.　定义了子网中网络号的位数

B.　子网掩码可以把一个网络进一步划分成几个规模相同的子网

C. 子网掩码用于设定网络管理员的密码

D. 子网掩码用于隐藏 IP 地址

(13) 224.0.0.5 代表的是(　　)。

    A. 主机地址　　　B. 广播地址　　　C. 组播地址　　　D. 网络地址

(14) C 类地址 192.168.1.139 的子网广播地址是(　　)。

    A. 192.168.255.255　　　　　　　B. 255.255.255.255

    C. 192.168.1.255　　　　　　　　D. 255.255.255.0

(15) 三层交换机在转发数据时，可以根据数据包的(　　)进行路由的选择和转发。

    A. 源 IP 地址　　　　　　　　　　B. 目的 IP 地址

    C. 源 MAC 地址　　　　　　　　　D. 目的 MAC 地址

(16) 静态路由协议的默认管理距离是(　　); RIP 路由协议的默认管理距离是(　　); OSPF 路由协议的默认管理距离是(　　)。

    A. 1，40，120　　　　　　　　　B. 1，120，110

    C. 2，140，110　　　　　　　　　D. 2，120 ，120

(17) OSPF 网络的最大跳数是(　　)。

    A. 24　　　　　B. 18　　　　　C. 15　　　　　D. 没有限制

(18) 配置 OSPF 路由时，必须具有的网络区域是(　　)。

    A. Area0　　　B. Area1　　　C. Area2　　　D. Area3

(19) OSPF 的管辖距离(Administrative Distance)是(　　)。

    A. 90　　　　　B. 100　　　　C. 110　　　　D. 120

(20) 属于距离向量路由协议的有(　　); 属于链路状态路由协议的有(　　)。

    A. RIPV1/V2　　　　　　　　　　B. IGRP 和 EIGRP

    C. OSPF　　　　　　　　　　　　D. IS-IS

(21) OSPF 路由协议是一种什么样的协议? (　　)

    A. 距离向量路由协议　　　　　　B. 链路状态路由协议

    C. 内部网关协议　　　　　　　　D. 外部网关协议

(22) 在路由表中，0.0.0.0 代表什么意思? (　　)

    A. 静态路由　　　B. 动态路由　　　C. 默认路由　　　D. RIP 路由

(23) Rip 路由默认的 Holddown time 是多少? (　　)

    A. 180　　　　　B. 160　　　　C. 140　　　　D. 120

(24) 默认路由是(　　)。

    A. 一种静态路由

    B. 所有非路由数据包在此进行转发

    C. 最后求助的网关

(25) 当 RIP 向相邻的路由器发送更新时，它使用多少秒为更新计时的时间值? (　　)

    A. 30　　　　　B. 20　　　　C. 15　　　　D. 25

情境 5　园区网络的安全

情 境 描 述

计算机园区网从建成通信尹始，就要面对很多安全隐患。如情境 3 中遇到的广播问题。更为严重的是，每个单位和部门都会有自己的敏感数据，像财务数据、商务数据、学校的学生成绩等，这些数据一旦被随意访问，就会产生灾难性的后果。网络设备本身有很强的网络数据保护功能，应该充分利用。本案例的实施，要求通过设备配置限制财务处的数据库服务器任何时候都不允许财务处以外的终端访问，而教务处的学生成绩数据库服务器只有教务管理员才有密码管理等操作权限。

5.1　知 识 储 备

5.1.1　园区网的安全隐患

计算机网络最早是应用在军事领域中，对安全性要求较高，但由于当时技术条件的限制，对安全方面的研究较少；计算机网络在诞生之后的几十年间，主要用于在科研机构的研究人员之间传送电子邮件，以及在共同合作的部门和人员间共享打印机，因而对安全性的要求不高。可以得出这样的结论：早期的应用中，计算机网络安全性的问题未能引起人们足够的关注。

随着信息技术的迅猛发展，特别是进入 21 世纪以后，近些年来，网络正在以惊人的速度改变着人们的生活方式，从各类机构到个人用户，都将越来越多地通过各种网络处理工作、学习、生活方面的事情，网络也以其快速、便利的特点，给社会和个人带来了前所未有的高效与速度，所有这一切，正是得益于互联网络的开放性和匿名性的特征。在此背景下发展起来的园区网络，由于开放性的特征，不可避免地存在着各种各样的安全隐患，势必对园区网络应用发展，以及网络用户的利益造成很大的负面影响。

网络安全隐患是指计算机终端用户或其他通信设备用户利用网络数据交互时，进行可能的窃听、攻击、篡改和破坏等。它是指具有侵犯系统安全或危害系统资源的潜在环境、条件或事件。

1. 园区网的常见安全隐患

园区网络安全隐患包括范围比较广，如自然灾害、意外事故、人为因素、黑客行为、内部泄密、信息丢失、电子监听和信息战等。所以，对网络安全隐患的分类方法也很多，如根据威胁对象，可分为对网络数据的威胁和对网络设备的威胁；根据来源，可分为内部威胁和外部威胁等。

(1) 非人为或自然力造成的硬件故障、电源故障、软件错误和其他自然灾害。

(2) 人为但属于操作人员无意造成的数据丢失或损坏。

(3) 来自园区网内部或外部人员的恶意攻击和破坏。

其中安全隐患最大的是第三类，同时，也由于本书的讨论范围所限，也只讨论第三类。

在以上这些威胁中，最大的网络威胁来自园区网系统内部。内部人员熟悉网络的结构和系统的操作步骤，并拥有合法的操作权限，因此很难应付和防范。中国首例黑客操纵股价案，便是网络安全隐患中策略失误和内部威胁的典型实例。

2. 常见解决安全隐患的方法

为了防范来自各方面的园区网络安全威胁的发生，除进行宣传教育外，最主要的就是制订一个严格的安全策略，这也是网络安全的核心和关键。

除了政策法规齐全、管理规范以外，用软件、硬件实现的技术手段的管理也是十分必要的。由于我国的信息安全技术起步晚，整体基础薄弱，特别是信息安全的基础实施和基础部件几乎全部依赖外国技术，所以我国的网络安全产品，总地来说，自主开发的很少。但近几年来，我国的信息技术得到了迅猛发展，网络安全技术也得到了足够重视。利用前面学习的交换机端口安全技术，就可以较好地解决局域网中的很多安全问题，但还不太够，这里将讨论在各层各级网络设备上配置访问控制列表 ACL，以限制不良或不当数据在网络中传播。再辅之以防火墙包过滤等技术来实现园区网安全问题的一揽子解决方案。

3. 数据在不同网络层次的隐患及处理

要解决网络中的安全问题，首先必须清楚各类数据在网络中的传输和转换过程，只有准确掌握了这些数据的传输方式和工作时序，才能确保有用数据畅通无阻、高效通信，同时，最大限度地限制有害数据的流通和传播。这一过程，我们称为过滤，这是目前最常用的网络安全措施。下面将分层讨论相应层次的传输数据及可能出现的不安全因素。

在计算机网络通信技术中，数据的分层结构如图 5-1 所示，数据在不同层次传输时，会不断地在各种形式之间转换，以保证相关设备能够正确识别，从而完成数据的递送任务。终端用户能够涉及的一般是在自己计算机上处理的数据，组织成相应的文件，也就是在应用层和表示层。在这个层面上，面临的安全问题主要是可能存在病毒和木马的植入和附着的问题。由于数据尚未经由网络处理，网络技术在此时一般不起作用，若存在隐患，对付的办法只能是采用杀病毒软件和木马清除软件。

当数据进入传输层以后，就成为真正意义上的网络数据了，它开始有了传输上有意义的端口号。众所周知，网络上的端口号有着指示数据交给哪个进程的作用，不太严格地讲，它指明了这个数据用于支撑哪一类服务，比如，从通常意义上说，80 端口是用于请求 HTTP 服务的。

端口号早期是由一个被称为互联网编号分配机构(Internet Assigned Numbers Authority，IANA)的组织定义和分配的，现在归 ICANN。一个远程计算机在同一时间可支持多个服务，正像许多本地计算机可在同一时间运行一个或多个客户程序一样。对通信来说，我们必须区分本地主机、本地进程、远程主机、远程进程。

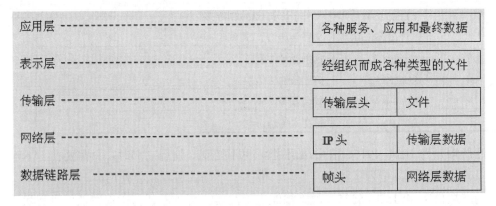

图 5-1 计算机网络中的分层数据结构

本地主机和远程主机是使用 IP 来定义和区分的。要定义进程，我们需要第二个标识符，叫作端口号。在 TCP/IP 协议栈中，端口号是 0~65535 之间的整数。

客户程序使用端口号定义它们自己，这个端口号由运行在客户主机上的 UDP 或 TCP 软件随机选取。这种端口叫作临时端口号，也叫随机端口号。

服务器端的应用程序进程也必须用一个端口号来定义自己。但这个端口号一般不能随机选取。如果在一个服务器上运行服务器程序，并指派一个随机数作为其端口号，那么在客户端想接入这个服务器并使用其相应的服务进程时，将会因不知道相应端口号而无法获取服务支持。即便是可以访问，也需要更多的开销。TCP/IP 决定让服务器使用全局端口号：这样的端口号叫作熟知端口号。

IANA 将端口号划分为 3 个范围：熟知的、注册的和动态的(或私有的)。

熟知端口号为 0~1023，由 IANA 指派和控制。表 5-1 和表 5-2 分别是 UDP 和 TCP 的部分熟知端口。

表 5-1 UDP 的熟知端口

端　口	协　议	说　明
7	Echo	将收到的数据报回送到发送端
53	Nameserver	域名服务
69	TFTP	简单文件传输协议
161	SNMP	简单网络管理协议
162	SNMP	简单网络管理协议(陷阱)

表 5-2 TCP 的熟知端口

端　口	协　议	说　明
7	Echo	将收到的数据报回送到发送端

续表

端　口	协　议	说　明
20	FTP(Data)	文件传送协议(数据连接)
21	FTP(Control)	文件传送协议(控制连接)
23	Telnet	远程登录协议
25	SMTP	简单邮件传输协议
53	Nameserver	域名服务
80	HTTP	超文本传送协议

注册端口为1024~49151，IANA 不指派也不控制。使用它们时，只需要在 IANA 注册就可以，这样要求，是为了防止一个端口被多个不同的进程重复使用。

动态端口是 49152~65535，既不指派也不注册。可以由任何进程在任何时间随机申请使用(只在本地计算机上申请)，是临时的端口或随机端口，用完即归还，再用再申请。

1) 案例分析

如图 5-2 中，IP 地址为 61.100.80.100 的终端一边上新浪网看新闻，一边访问淮信院的某台 Web 服务器 210.29.226.88，这样它需要打开两个网页，并分别发出两份请求，这在日常的网络应用中是司空见惯的。在 61.100.80.100 看来，这是两次普通的应用请求，而在服务器端看来，也只是一次普通的 Web 服务请求而已，当请求到达时，如图 5-3 所示。

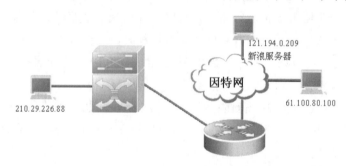

图 5-2　一终端对两台服务器有访问请求的情形

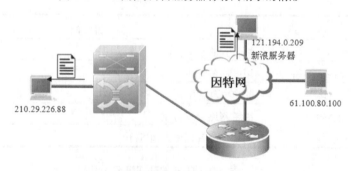

图 5-3　两台服务器收到请求包时的情形

新浪服务器 121.194.0.209 收到请求后，会将其所需的信息组包发还给 61.100.80.100；同时服务器 210.29.226.88 也会将其相关的信息组织成数据包，发还给 61.100.80.100；如

图 5-4 所示。如果没有端口号信息，终端 61.100.80.100 立即会陷入非常困难的境地，如何将这些数据包还原成两个网页？

图 5-4 应答包返回请求终端时的情形

问题破解：终端多道访问时的数据区分

在发送请求时产生一个唯一的源端口号，当然，这是随机产生的。终端在访问新浪服务器时，机器恰巧产生了一个随机数 52085，则成立一个临时任务小组(进程)，名字就叫 52085；而访问 210.29.226.88 服务器的进程名又因随机数被命名为另一个值，这里假定为 52985；做了这样的准备以后，工作就可以正常开展了。

	121.194.0.209	61.100.80.100			80	52085		
	目标地址	源地址			目的端口	源端口		

所发送数据包的片断

新浪服务器的操作系统会这样做：

这是一个来自 61.100.80.100 终端进程为 52085 的请求，他们希望得到我们新浪网的首页。嘿嘿，准备好网页数据，将信息发给它！

	61.100.80.100	121.194.0.209			52085	80		

把这数据送到 61.100.80.100，交给 52085，是我送的，行了！
看我多能干！

	61.100.80.100	121.194.0.209			52085	80		

准信服务器中的操作系统也会做同样的工作：

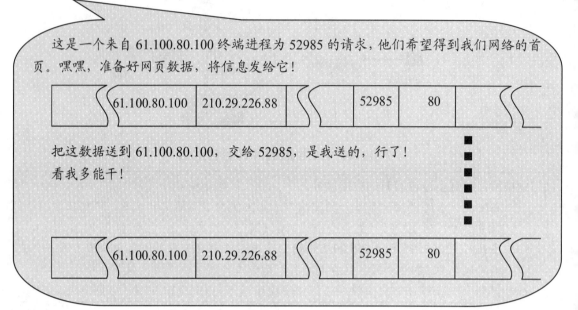

再看 61.100.80.100 终端的操作系统：

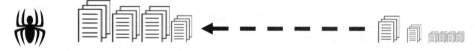

这就是通信工作的全过程。

2) 网络设备

熟知以上原理的黑客可以利用这些原理，在互联网上传输有害信息，为了扩大其影响范围，这些有害信息一定会传给众多不同 IP 地址的终端，理论上，应该是传给除自己以外的全部其他终端，因此，一般很难从 IP 地址上判断数据是否有害。但端口号则不同，为了达到其确定的目的，这些应用一定会使用一个或一组相对固定的端口号，找到这些类型，禁止它们传输，就能达到限制甚至禁止有害信息的目的。

问题破解：有害信息的过滤

以图 5-2 中保护淮信的那台网络服务器为例，所有的对 210.29.226.88 服务器的访问都必须经过图 5-2 中所示的三层交换机，我们只要在三层交换机上限定哪些数据可以通过，问题就解决了。

经查，61.100.80.100 终端有嫌疑，可能在利用 169 工作端口攻击其他服务器。

制订一条制度：凡 61.100.80.100 终端对服务器 169 进程的访问，都是有疑问的操作，应予以制止。

告诉门卫执行这条制度。OK!

规定（三层交换机）：检查所有从本部流向淮信服务器出口的数据，不许 61.100.80.100 向淮信服务器发的 169 请求通过！

网络层的数据是在传输层数据前面加 IP 头，其结构在上一情境中已做具体说明。前面提到，我们很难，或者说并不能根据 IP 地址判断某一来源的数据是有害数据，这似乎预示着在网络层不能采用过滤技术。其实不然，根据网络 IP 地址，我们可以分辨出哪些终端或服务器是特别重要的，只允许部分有权限的用户访问，比方说，财务处的服务器，限定几个可信的终端能够对其进行访问，过滤掉其他访问请求，这就是网络层过滤。

再在过滤技术中增加有关 MAC 地址的判断，即使是某个 IP 地址，但 MAC 地址不对，仍然禁止其访问，这是在情境 3 中已经解决的问题，即 IP 和 MAC 地址绑定。通过这一系列的措施，网络的安全就可以得到保障。

5.1.2　配置访问控制列表 ACL

上一小节讨论的过滤技术在网络上的一个重要应用就是访问控制列表，这在当今的网络设备上已经是相当普遍的技术了，以下部分将对其做深度的探讨。

1. 访问控制列表 ACL 概述

访问控制列表 ACL(Access Control List)，最直接的功能便是包过滤。通过接入控制列表(ACL)，可以在路由器、三层交换机上进行网络安全属性配置，可以实现对进入到路由器、三层交换机的输入数据流进行检查、分析和过滤。

正如上一节的讨论所得出的结论那样，过滤输入数据流的定义可以基于网络地址、TPC/UDP 端口信息等。可以选择对于符合过滤标准的流是丢弃还是转发，因此，必须知道网络是如何设计的，以及路由器接口是如何在过滤设备上使用的。要通过 ACL 配置网络安全属性，只有通过命令来完成配置，无法通过 SNMP 来完成这些设置。

2．ACL 的类型及应用

ACL 的类型主要分为 IP 标准访问控制列表(Standard IP ACL)和 IP 扩展访问控制列表 (Extended IP ACL)两种；主要的动作分为允许(Permit)和拒绝(Deny)；主要的应用方法是入栈(In)应用和出栈(Out)应用。

1）基于编号的访问控制列表

在路由器上可配置编号的访问控制列表。具体介绍如下。

(1) IP 标准访问控制列表(Stand IP ACL)。标准访问控制列表是基于 IP 数据包中的 IP 地址进行控制的。

所有的访问控制列表都是在全局配置模式下生成的。IP 标准访问控制表的格式如下：

```
Access-list listnumber { permit | deny } address [ wildcard-mask ]
```

其中：

listnumber 是规则序号，标准访问控制表(Standard IP ACL)的规则序号范围是 1~99。

Permit 和 deny 表示允许或禁止满足规则的数据包通过；Address 是源地址 IP 范围；wildcard-mask 是源地址 IP 的通配比较位，也称反掩码。

Access-list 是该命令的关键字，要想配置访问控制列表，就必须以其引导。

Listnumber 就是一个数，可以理解为制度的第几条，有了它，在后面应用时才能准确说明用规则几进行约束，当然也可以用规则名，如果这两项都没有，就没办法描述了。

permit | deny 是或选项，选 permit 时，就是允许所选范围的操作；选 deny 就是禁止所选范围的操作。

address 是一个网络标识(网络地址)，它表明了该规则的适用范围，就是对哪个网段起作用；wildcard-mask 称为反掩码，也可以认为是条件，就是对哪些终端起作用。

练习与思考：标准访问控制列表配置案例

Switch(config)#access-list 1 permit 172.16.0.0 0.0.255.255

根据前面的说明可以知道，这是本系统的第一条规则，这条规则定义的是允许 172.16.0.0 这一网段的数据通过，0.0.255.255 意味着整个网段。反掩码的规定是：为 0 的位必须严格匹配，为 1 的位无须匹配。

正如生活中的法律和规则一样，同一件事可以有多条规则限定，同一条规则也可以有多个条款。本例中，我们还要求允许 192.168.10.0 的数据通过，且限制除这两个网段以外的任何其他数据通过，相应的规则定义应该是：

Switch(config)#access-list 1 permit 192.168.10.0 0.0.0.255

Switch(config)#access-list 1 deny 0.0.0.0 255.255.255.255 禁止所有网段的数据通过，0.0.0.0 表示所有的，这在默认路由设置时应该有所了解。

请仔细思考这样配置的原因，并在同学之间互相提出限定条件，完成配置规则的编写工作。

(2) IP 扩展访问控制表(Extended IP ACL)。

扩展访问控制列表不仅可以对源 IP 地址加以控制，还可以对目的 IP 地址、协议以及端口号加以控制。

IP 扩展访问控制列表也都是在全局配置模式下生成的。IP 扩展访问控制列表的格式如下所示：

```
Access-list listnumber { permit | deny } protocol source source-wildcard-mask
destination destination-wildcard-mask [ operator operand ]
```

其中，扩展访问控制列表(Standard IP ACL)的规则序号范围是 100~199；protocol 是指定的协议，如 IP、TCP、UDP 等；destination 是目的 IP 地址范围；destination-wildcard-mask 是目的地址的反掩码；operator 和 operand 用于指定端口范围，默认为全部端口号 0~65535，只有 TPC 和 UDP 协议需要指定的端口范围。

这里的命令和参数与标准列表中的含义一样，具体地说，就是允许或禁止(permit | deny)某一网段(source source-wildcard-mask)对另一网段(destination destination-wildcard-mask)的何种类型(protocol)的那个端口(operator operand)的访问。

例如：

```
Access-list 101 permit tcp 192.168.10.0 0.0.0.255 172.16.1.100 0.0.0.0 eq
80
```

这条命令的含义就是允许 192.168.10.0 这个网段的所有终端对主机 172.16.1.100 的 Web 访问信息通过。

扩展访问列表(Standard IP ACL)支持的操作符及其语法如表 5-3 所示。

表 5-3   扩展访问控制列表支持的操作符及其语法

操作符及其语法	意 义
eq portnumber	等于端口号 portnumber
gt portnumber	大于端口号 portnumber
lt portnumber	小于端口号 portnumber
neq portnumber	不等于端口号 portnumber
range portnumber1 portnumber2	介于端口号 portnumber1 和 portnumber2 之间

(3) ACL 命令中的反掩码。

反掩码与子网掩码算法相似，但写法不同，区别是：在反掩码中，0 表示需要比较，1 表示不需要比较。对于 0.0.0.255，只比较前 24 位；0.0.3.255 只比较前 22 位；0.255.255.255 只比较前 8 位。

反掩码还可以这样应用，Switch(config)#access-list 10 permit 192.168.22.10 0.0.0.0，这条命令语句的意思是，只允许 192.168.22.10 这台主机的信息通过。

重点提示：如果反码是 0.0.0.3，我们将其转成二进制数据加以理解。

11000000101010000001011000001010
00000000000000000000000000000011
11000000101010000001011000001000

根据定义，前三十位需严格匹配，因此其最小地址如上面所看见的，是192.168.22.8，考虑到最后两位可以不匹配，其取值范围应该为00，01，10，11。

结论：Switch(config)#access-list 10 permit 192.168.22.10 0.0.0.3 表示允许192.168.22.8~192.168.22.11这几个地址为源端的信息通过。

(4) 入栈(In)应用和出栈(Out)应用。

光有规则还不行，还得明确规定在哪个端口使用这条规则。可以理解为长途客运站制订了一些特殊的客运检查制度，某地现在正是某疫情高发地区，那么从该地出来的人要做相应的疫情检查，其他情况则不用；而且只是对从该地出来的人检查，进入该地的人也不用检查。

这两个应用是相对于设备的某一端口而言的，当要对从设备外的数据经端口流入设备做访问控制时，就是入栈(In)应用；当要对从设备外的数据经端口流出设备做访问控制时，就是出栈(Out)应用。

2) 命名的访问控制列表

在三层设备上还可以配置命名的ACL(有些三层交换机只允许配置命名的ACL)。可以采用创建ACL；在接口上应用ACL；查看ACL这三个步骤进行。

(1) 创建Standard IP ACLs。

在特权配置模式中，可以通过如下步骤来创建一个Standard IP ACL。

① configure terminal：进入全局配置模式。

② ip access-list standard [name]：用数字或名字来定义一条Standard IP ACL并进入access-list配置模式。

③ deny {source source-wildcard | host source | any}或permin { source source-wildcard |host source | any }：在access-list配置模式中，申请一个或多个允许通过(permin)或丢弃(deny)条件，以用于交换机决定报文是转发还是丢弃。host source 代表一台源主机，其source-wildcard为0.0.0.0，表示全部比对；any 代表任意主机，即source为0.0.0.0，source-wild为255.255.255.255。

④ end：退回到特权模式。

⑤ show access-lists [name]：显示该接入控制列表，如果你不指定access-list及name参数，则显示所有接入控制列表。

下面显示如何创建一个IP Standard Access-list，该ACL名字叫deny-host 192.168.12.x：有两条ACL(访问控制条目)，第一条ACL拒绝来自192.168.12.0网段的任一主机，第二条ACL允许其他任意主机：

```
Switch(config)# ip access-list standard deny-host192.168.12.x
Switch(config-std-nacl)# deny 192.168.12.0.0.0.0.255
```

```
Switch(config-std-nacl)# permit any
Switch(config-std-nacl)# end
Switch# show access-list
```

(2)　创建 Extended IP ACLs。

在特权配置模式中，可以通过如下步骤来创建一个 Extended IP ACL。

①　configure terminal：进入全局配置模式。

②　ip access-list extended {name}：用数字或名字来定义一条 Extended IP ACL 并进入 access-list 配置模式。

③　{deny | permit}protocol{ source source-wildcard | host source | any }[operator port]：在 access-list 配置模式中，声明一个或多个允许通过(permit)或丢弃(deny)的条件，以用于交换机决定匹配条件的报文是转发还是丢弃。

④　{destination destination-wildcard | host source | any}[operator port]：以如下方式定义 TCP 或 UDP 的目的或源端口：

● 操作符(operator)只能为 eq。

● 如果操作符在 source source-wildcard 之后，则报文的源端口匹配指定值时条件生效。

● 如果操作符在 destination destination-wildcard 之后，则报文的目的端口匹配指定值时条件生效。

● Port 为十进制值，它代表 TCP 或 UDP 的端口号。值范围为 0~65535。

protocol 可以为如下值。

● tcp：指明为 TCP 数据流。

● udp：指明为 UDP 数据流。

● ip：指明为任意 IP 数据流。

⑤　End：退回到特权模式。

⑥　Show access-lists[name]：显示该接入控制列表，如果你不指定 access-list number 及 name 参数，则显示所有接入控制列表。

> **练习与思考：ACL 练习**
>
> 创建建一条 Extended IP ACL，该 ACL 有一条 ACL，用于允许指定网络(192.168.x..x)的所有主机以 HTTP 访问服务器 172.168.12.3，但拒绝其他所有主机使用网络。
>
> Switch (config)# ip access-list extended allow_0xc0a800_to_172.168.12.3
>
> Switch(config-std-nacl)# permit tcp 192.168.0.0 0.0.255.255 host 172.168.12.3 eq www
>
> Switch(config-std-nacl)# end
>
> Switch# show access-lists

将 ip standard access-list 及 ip extended access-list 应用到指定接口上。

在特权模式中，通过如下步骤将 IP ACLs 应用到指定接口。

①　configure terminal：进入全局配置模式。

② interface interface-id：指定一个接口并进入接口配置模式。

③ ip access-group {name} {in| out}：将指定的 ACL 应用于该接口上，使其对输入或输出该接口的数据流进行接入控制。

④ end：退回到特权模式。

下列操作表示如何将 access-list deny_unknow_device 应用于 VLAN 接口 2 上：

```
Switch(config)# interface vlan 2
Switch(config-if)# ip access-group deny_unknow_device in
```

⑤ 显示 ACLs 配置。

可以通过表 5-4 所示的命令来显示 ACLs 配置。

表 5-4　显示 ACLs 配置的命令

命 令	说 明
show access-lists [name]	显示所有配置或指定名字的 ACLs
show ip access-lists [name]	显示 IP ACLs
Show ip access-group[interface interface-id]	显示指定接口上的 IP ACLs 配置
show running-config	显示所有的配置

以下例子显示名为 ip_acl 的 Standard IP access-lists 的内容：

```
Router# show ip access-lists ip_acl
Standard ip access list ip_acl
Permit host 192.168.12.1
Permit host 192.168.9.1
```

以下例子显示名为 ip_ext_acl 的 Extended IP access-lists 的内容：

```
Router# show ip access-lists ip_ext_acl
Extended ip access list ip_ext_acl
Permit tcp 192.168.0.0 255.255.0.0 host 192.168.1.1 eq www
Permit tcp 192.167.0.0 255.255.0.0 host 192.168.1.1 eq www
```

以下例子显示所有 IP access-list 的内容：

```
Switch# show ip access-lists
Standard ip access list ip_acl
Permit host 192.168.12.1
Permit host 192.168.9.1
Extended ip access list ip_ext_acl
Permit tcp 192.168.0.0 255.255.0.0 host 192.168.1.1 eq www
Permit tcp 192.167.0.0 255.255.0.0 host 192.168.1.1 eq www
```

以下例子显示所有 access lists 的内容：

```
Router# show ip access-lists
Standard ip access list ip_acl
```

```
Permit host 192.168.12.1
Permit host 192.168.9.1
Extended ip access list ip_ext_acl
Permit tcp 192.168.0.0 255.255.0.0 host 192.168.1.1 eq www
Permit tcp 192.167.0.0 255.255.0.0 host 192.168.1.1 eq www
Extended MAC access list macext deny host 0x00d0f8000000 any aarp permit any
any
```

5.1.3　防火墙基础

1. 防火墙概述

古时候，很多建筑为木式结构，人们常常在寓所之间砌起一道砖墙，一旦火灾发生，它能够防止火势蔓延到别的寓所，这种墙称作"防火墙"。

在网络时代，当一个网络接入 Internet 以后，它的用户就可以与外部世界相互通信了。为安全起见，人们在该网络和 Internet 之间接入一个中介系统，竖起一道安全屏障，这道屏障可以扼守该网络的安全，对出入网络的数据起到审计的作用，可以阻断来自外部世界的威胁和入侵，这种中介系统也叫作防火墙或防火墙系统，如图 5-5 所示。

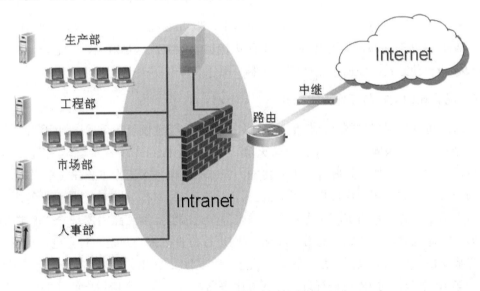

图 5-5　连接防火墙的校园网系统

防火墙对防止非法入侵、确保园区内部网络的安全至关重要。它可以实施网络之间的安全访问控制，以确保园区内部网络的安全。防火墙是一种综合性的技术，它涉及计算机网络技术、密码技术、安全技术、软件技术、安全协议、网络标准化组织(ISO)的安全规范以及安全操作系统等多个方面。防火墙是用一个或一组网络设备，在两个或多个网络间加强访问控制，以保护一个网络不受来自另一个网络攻击的安全技术。它是一种非常有效的网络安全技术。

在 Internet 上,通过它来隔离风险区域(通常认为 Internet 作为开放的外部网络存在一定的风险)与安全区域(内部网,如 Intranet)的连接,但不妨碍人们对风险区域的访问。防火墙可以监控进出网络的通信数据,从而实现仅让安全和核准的信息进入,抵制对园区网构成威胁的数据进入,包过滤便是有效的实现方法。

防火墙作为不同网络或网络安全域之间信息的出入口,能根据企业的安全策略控制出入网络的信息流,且本身具有较强的抗攻击能力。它是提供信息安全服务,实现网络和信息安全的基础设施。

在逻辑上,防火墙是一个隔离器、限制器和分析器,可以有效监控内部网和 Internet 之间的任何活动,保证内部网络的安全。因此,防火墙通常是放在外部 Internet 网络和内部网络之间,以保证内部网络的安全。因此,防火墙的作用是防止不希望的、未授权的通信进出被保护的网络,提高网络访问的安全性。

一般的防火墙都可以达到以下目的:

- 限制他人进入内部网络,过滤掉不安全服务和非法用户。
- 防止入侵者接近你的防御设施。
- 限定用户访问特殊站点。
- 监视 Internet 的信息安全。

由于防火墙架设了网络边界和服务,因此,可以看成相对独立的网络,它也正在成为控制对网络系统访问的非常流行的方法。事实上,在 Internet 上的所有 Web 网站中,超过1/3 的 Web 网站都会通过架设某种形式的防火墙加以保护,这是对黑客防范较为严格、安全性较强的一种方式,任何关键性的服务器,都建议放在防火墙之后。

2. 防火墙的架构与工作方式

防火墙可以让用户的网络规划更加清晰,全面防止跨越权限的数据访问(因为总有一些好事者喜欢超越权限限制)。如果没有防火墙,你可能会接到许许多多类似的报告:例如,单位内部的财政报告要通过邮件的方式传输,但邮箱刚刚被数万个 E-mail 邮件炸烂,或者用户的个人主页被人恶意连接指向了 Playboy,报告连接指向了另一家色情网站等。一套完整的防火墙系统通常是由屏蔽路由器和代理服务器组成的。屏蔽路由器是一个多端口的 IP 路由器,它通过对每一个到来的 IP 包依据规则进行检查,来判断是否对之进行转发。

屏蔽路由器从包头取得信息,例如协议号、收发报文的 IP 地址和端口号、连接标识以及另一些 IP 选项,对 IP 包进行过滤。代理服务器本质上是一个应用层的网关,一个为特殊网络应用而连接两个网络的网关。用户就一项 TCP/IP 应用,例如 Telnet 或者 FTP,同代理服务器打交道,代理服务器要求用户提供其要访问的远程主机名。

当用户答复并提供了正确的用户身份及认证信息后,代理服务器联通远程主机,为两个通信点充当中继。整个过程可以对用户完全隐身。用户提供的用户身份及认证信息可用于用户级的认证。最简单的情况是:它只由用户标识和口令构成。但是,如果防火墙是通过 Internet 可访问的,应推荐用户使用更强的认证机制,例如一次性口令或回应式系统等。

屏蔽路由器的最大优点,就是架构简单且硬件成本较低,而缺点则是建立包过滤规则比较困难，加之屏蔽路由器的管理成本及用户级身份认证的缺乏等。好在路由器生产商们已经认识到并开始着手解决这些问题，他们正在开发编辑包过滤规则的图形用户界面，制订标准的用户级身份认证协议，以提供远程身份认证拨入用户服务。

代理服务器的优点在于用户级的身份认证、日志记录和账号管理。其缺点是基于这样一个事实：要想提供全面的安全保护，就要对每一项服务都建立对应的应用层网关。这个事实严重地限制了新应用的采纳。

屏蔽路由器和代理服务器通常组合在一起，构成混合系统，其中，屏蔽路由器主要用来防止 IP 欺骗攻击。目前采用最广泛的配置是双穴防火墙、被屏蔽主机型防火墙以及屏蔽子网型防火墙。

通常，架设防火墙需要数千甚至上万美元的投入，而且防火墙需要运行于一台独立的计算机上，因此，只用一台计算机连入互联网的用户是不必架设防火墙的，况且架设防火墙即使从成本方面考虑也不太划算。从目前看，防火墙的重点还是用来保护由许多台计算机组成的大型网络，这也是黑客高手感兴趣的地方，可以是非常简单的过滤器，也可能是精心配置的网关，但它们的原理是一样的，都是监测并过滤所有通向外部网和从外部网传来的信息，防火墙保护着内部敏感的数据不被偷窃和破坏，并记下通信发生的时间和操作等，新一代的防火墙可以阻止内部人员故意将敏感数据传输到外界。

当用户将单位内部的局部网连入互联网时，大家肯定不愿意让全世界的人随意翻阅你单位内部人员的工资单、各种文件资料或者数据库。另一方面，即使在单位内部，也存在数据攻击的可能性。例如一些心怀叵测的电脑高手可能会窃取工资表和财务报告。而通过设置防火墙后，管理员就可以限定单位内部员工可以使用 E-mail、浏览 WWW 以及进行文件传输，但不允许外部终端任意访问单位内部的计算机，同时，管理员也可以禁止单位中不同部门之间的互相访问。将局部网络放置在防火墙之后，可以阻止来自外界的攻击，而防火墙通常是运行在一台单独的计算机之上的一个特别的软件，它可以识别并屏蔽非法的请求。

3．防火墙的体系结构

1）　屏蔽路由器(Screening Router)

屏蔽路由器可以由厂家专门生产的路由器实现，也可以用主机来实现。屏蔽路由器作为内外连接的唯一通道，要求所有的报文都必须在此通过检查。路由器上可以安装基于 IP 层的报文过滤软件，实现报文过滤功能。许多路由器本身带有报文过滤配置选项，但一般比较简单。单纯屏蔽路由器构成的防火墙其受害隐患包括路由器本身及路由器允许访问的主机。屏蔽路由器的缺点是，一旦被攻击后，很难发现，而且不能识别不同的用户。

2）　双穴主机网关(Dual Home Gateway)

双穴主机网关是用一台装有两块网卡的堡垒主机作为防火墙。两块网卡各自与受保护网和外部相连。堡垒主机上运行着防火墙软件，可以转发应用程序、提供服务等。与屏蔽路由器相比，双穴主机网关堡垒主机的系统软件可用于维护系统日志、硬件拷贝日志或远程日志。但弱点也比较突出，一旦黑客侵入堡垒主机并使其只具有路由功能，任何网上用户均可以随便访问内部网。

3) 被屏蔽主机网关(Screened Gateway)

被屏蔽主机网关易于实现,也最安全。一个堡垒主机安装在内部网络上,通常在路由器上设立过滤规则,并使这个堡垒主机成为从外部网络唯一可直接到达的主机,这确保了内部网络不受未被授权的外部用户攻击。如果受保护网是一个虚拟拓展的本地网,即没有子网和路由器,那么内部网的变化不影响堡垒主机和屏蔽路由器。网关的基本控制策略由安装在上面的软件决定。如果攻击者设法登录到它上面,内网中的其余主机就会受到很大威胁。这与双穴主机网关受到攻击时的情形差不多。

4) 被屏蔽子网(Screened Subnet)

被屏蔽子网就是在内部网络和外部网络之间建立一个被隔离的子网,用两台分组过滤路由器将这一子网分别与内部网络和外部网络分开。在很多现实情况中,两个分组过滤路由器放在子网的两端,在子网内构成一个 DNS,内部网络和外部网络均可访问被屏蔽子网,但禁止它们穿过被屏蔽子网通信。

有的屏蔽子网中还设有一堡垒主机作为唯一可访问点,支持终端交互或作为应用网关代理。这种配置的危险仅包括堡垒主机、子网主机及所有连接内网、外网和屏蔽子网的路由器。如果攻击者试图完全破坏防火墙,他必须重新配置连接 3 个网的路由器,既不切断连接,又不要把自己锁在外面,同时也不使自己被发现,这样还是可能的。但若禁止网络访问路由器或只允许内网中的某些主机访问它,则攻击会变得困难。在这种情况下,攻击者得先侵入堡垒主机,然后进入内网主机,再返回来破坏屏蔽路由器,并且整个过程中不能引发警报。

4．防火墙的发展与功能演变

从总体上看,防火墙具有以下四大基本功能:

● 过滤进、出网络的数据。

● 封锁某些禁止的业务。

● 记录通过防火墙的信息内容和活动。

● 对网络攻击进行检测和报警。

为实现以上功能,在防火墙产品的开发中,人们广泛应用网络拓扑技术、计算机操作系统技术、路由技术、加密技术、访问控制技术、安全审计技术等。

纵观防火墙产品近年来的发展,可以将其分为 4 个阶段。

1) 第一代防火墙:基于路由器的防火墙

由于多数路由器中本身就包含有分组过滤功能,故网络访问控制可通过路由控制来实现,从而使具有分组过滤功能的路由器成为第一代防火墙产品。

(1) 特点。

利用路由器本身实现对分组的解析,以访问控制列表的方式实现对分组的过滤。

过滤判决的标准可以是:地址、端口号、IP 标识及其他网络特征。

只有分组过滤功能,且防火墙与路由器是一体的,对安全要求低的网络采用路由器附带防火墙功能的方法，对安全性要求高的网络则可单独利用一台路由器作为防火墙。

(2) 不足。

路由器防火墙本身具有安全漏洞，外部网络要探寻内部网络十分容易。例如：在使用 FTP 协议时，外部服务器容易从 20 号端口上与内部网相连，即使在路由器上设置了过滤规则，内部网络的 20 端口仍可由外部探寻。

分组过滤规则的设置和配置存在安全隐患。对路由器中过滤规则的设置和配置十分复杂，它涉及到规则的逻辑一致性、作用端口的有效性和规则集的正确性，一般的网络系统管理员难于胜任，加之一旦出现新的协议，管理员就得加上更多的规则去限制，这往往会带来很多错误。

攻击者可"假冒"地址，黑客可以在网络上用伪造的路由信息欺骗防火墙。

由于路由器的主要功能是为网络访问提供动态的、灵活的路由，而防火墙则要对访问行为实施静态的、固定的控制，这是一对难以调和的矛盾，防火墙的规则设置会大大降低路由器的性能。

基于路由器的防火墙只是网络安全的一种应急措施，用这种权宜之计去对付黑客的攻击是十分危险的。

2) 第二代防火墙：用户化防火墙

(1) 特点。

将过滤功能从路由器中独立出来，并加上审计和警告功能。

针对用户需求，提供模块化的软件包。

软件可通过网络发送，用户可自己动手构造防火墙。

与第一代防火墙相比，安全性提高而价格降低了。

由于是纯软件产品，第二代防火墙产品无论在实现还是在维护上，都对系统管理员提出了相当复杂的要求。

(2) 问题。

配置和维护过程复杂、费时。

对用户的技术要求高。

全软件实现、安全性和处理速度均有局限。

实践表明，使用时出现差错的情况很多。

3) 第三代防火墙：建立在通用操作系统上的防火墙

基于软件的防火墙在销售、使用和维护上的问题迫使防火墙开发商很快推出了建立在通用操作系统上的商用防火墙产品，近年来，在市场上广泛使用的就是这一代产品。

(1) 特点。

是批量上市的专用防火墙产品。

包括分组过滤或借用了路由器的分组过滤功能。

装有专用的代理系统，监控所有协议的数据和指令。

保护用户编程空间和用户可配置内核参数的设置。

安全性和速度大为提高。

第三代防火墙有以纯软件实现的，也有以硬件方式实现的。但随着安全需求的变化和使用时间的推延，仍表现出现不少问题。

(2) 隐患。

作为基础的操作系统，其内核往往不为防火墙管理者所知，由于源代码的保密，其安全性无从保证。

大多数防火墙厂商并非通用操作系统的厂商，通用操作系统厂商不会对操作系统的安全负责。

上述问题在基于 Windows NT 开发的防火墙产品中表现十分明显。

4) 第四代防火墙：具有安全操作系统的防火墙

第四代防火墙本身就是一个操作系统，因而在安全性上较第三代防火墙有质的提高。获得安全操作系统的办法有两种：一种是通过许可证方式获得操作系统的源码；另一种是通过国有化操作系统内核来提高可靠性。

特点。防火墙厂商具有操作系统的源代码，并可实现安全内核。

对安全内核实现加固处理：即去掉不必要的系统特性，加上内核特性，强化安全保护。

对每个服务器、子系统都做了安全处理，一旦黑客攻破了一个服务器，它将会被隔离在此服务器内，不会对网络的其他部分构成威胁。

在功能上包括分组过滤、应用网关、电路级网关，并具有加密与鉴别功能。

透明性好，易于使用。

上述阶段的划分主要以产品为对象，目的在于对防火墙的发展有一个总体勾画。

5. 防火墙的结构

目前，防火墙从结构上讲，可分为两种。

(1) 应用网关结构：

内部网关 ◄────► 代理网关(Proxy Gateway) ◄────► Internet。

(2) 路由器加过滤器结构：

内部网关 ◄────► 过滤器(Filter) ◄────► 路由器(Router) ◄────► Internet。

总地来说，应用网关结构的防火墙系统在安全控制的粒度上更加细致，多数基于软件系统，用户界面更加友好，管理控制较为方便；路由器加过滤器结构的防火墙系统多数基于硬件或软硬结合，速度比较快，但是一般仅控制到第 3 层和第 4 层协议，不能细致区分各种不同业务；有一部分防火墙结合了包过滤和应用网关两种功能，形成复合型防火墙。具体使用的防火墙则应该根据本企业实际情况加以选择。

6. 防火墙的基本类型

如今市场上的防火墙多种多样，有以软件形式运行在普通计算机上的，也有以固定形式设计在路由器中的。总地来说，可以分为三种：包过滤防火墙、应用代理(网关)防火墙和基于状态检查的包过滤防火墙。

1) 包过滤防火墙

(1) 工作在 OSI 的第三层，常见的路由器通过 ACL 处理 IP 包头。

(2) 无法对数据包及上层的内容进行核查，因此无法过滤审核数据包的内容。

(3) 不能对数据传输状态进行判断。

(4) 所有可能用到的端口必须静态开放，极大地增加了被攻击的可能性。

2) 应用代理(网关)防火墙

(1) 基于软件的，OSI 的第七层，中介，代理。

(2) 具有分析、转换、转发的功能，以牺牲速度为代价。

3) 基于状态检查的包过滤防火墙

(1) 在 OSI 底层对接收到的数据包进行审核，当接收到的数据包符合访问控制要求时，将该数据包传到高层，进行应用级别和状态的审核，如果不符合要求，则丢弃。

(2) 动态的状态表：一般主要包括数据包的 S/D IP(源/目的 IP)、S/D port、time、sequence number、flag 等(对于 TCP)。

7. 防火墙的初始配置

硬件防火墙虽然是高端产品，但其配置一般并不复杂，只要参考使用说明书逐步进行，都可以完成初始化配置。本节以 RG-WALL 150 防火墙为例，来讲述 RG-WALL 系列防火墙的初始配置。与其他网络设备配置的基本要求一样，也是将 PC 的 COM1 口连接至防火墙的 Console 口，并将 PC 的网卡连接到防火墙的 Fastethernet 口，然后进行以下配置。

在初始设置过程中，首先通过防火墙的控制口(console)登录，进入防火墙，进行一些初步设置，然后启动已注册管理员的 PC 的浏览器(Web Browser)，在地址栏中输入 RG-WALL 的内网接口 IP 地址，由此可进入防火墙的图形化配置界面，对防火墙做进一步的配置。具体的配置如下。

1) 登录防火墙

系统登录的默认 ID 和口令值：

```
*************************************************
**RG—OS V1.0      http://www.red-ga\iant.com.cn  **
*************************************************
RG-WALL 150   login: root
Password: rg-wall123
/>si
```

RG-WALL 默认登录的提示或者重新设置时提示的内容，按提示进行，在此按任意键进入默认设置阶段，输入序列号、feature code 以及授权号。

RG-WALL 的第一步，系统将提示输入序列号、feature code 以及授权号。

在以下的过程中，系统会要求输入序列号。请按照"产品使用授权书"上提供的信息输入序列号，区分大小写。

序列号的格式为 SW-xx-xxxxx 以及 SK-xx-xxxxx, 例如 SW-03-91004。

输入完序列号后, 再输入 feature code, feature code 是设置 RG-WALL 可使用功能的编码, 是与公司签订合同时提供的 16 位编码。

输入完 feature code, 出现授权号码(钥匙)输入提示, 授权号与序列号和 feature code 相同, 也是公司赋予的编号。授予号输入错误时, 也同样不能继续安装。

产品授权号等都输入正确后, 方可继续进入下一步设置阶段。

2) 选定路由模式或网桥模式

请按任意键继续。下一阶段将决定 RG-WALL 在安装网络中要起的作用。

按 Enter 键, 将选择默认的路由模式, 这一阶段所做的选择决定以后的设置工作。下面将说明路由模式下的设置的方法。

选择路由模式后, 进入下一个安装阶段: 在最后的输入提示中按 P 键(不区分大小写)时, 将取消当前设置和先前阶段的设置, 进入前一个设置阶段。敲入 C 键时, 将取消当前设置的内容, 重新开始当前设置作业。即, 现阶段里, 如果想重新选择系统模式, 可以敲入 C 键开始重新设置。输入任意键时, 将应用当前设置内容, 并进入下一个设置阶段。这些设置阶段的取消以及移动的方法在其他安装步骤中也相同, 我们将省略以后的说明。

3) 输入管理员 ID 和密码

完成防火墙模式设置以后, 出现管理员输入界面。输入要启用的管理员 ID 和密码。这里的主管理员表示带有停止/启用系统、授权其他管理员权限的主要系统负责人员。

一般设备会以 admin 作为初始管理员账号, 或在其手册中加以说明。输入完管理员账号, 会出现密码输入行。管理员密码必须是英文和数字的混合格式, 并且必须大于 6 个字, 自行输入密码, 并务必牢记。

注意: 通过管理员 GUI 输入同样的密码登录超过 20 次以上时, 系统会要求修改密码。

输入密码以后, 为了确认密码是否匹配, 出现重复输入密码的提示, 两次密码输入完全匹配时, 才可以进行下一步操作。

4) 设置系统名称以及语言

接下来输入系统名称, 例如 Host.firewall.com。

下一阶段选择 CLI Terminal 识别的语言, 不同的设备默认值不一样, 锐捷的默认值是中文。

在该步骤中敲入 1, 按 Enter 键; 选择中文, 进入下一个阶段。

5) 设置时间

下一阶段是设置系统时间。所有的日志和报表以及计划任务的作业都会根据这里设置的时间来形成, 因此必须正确输入当前时刻。

这些都与通常的设置相仿, 这里不再赘述。

6) 指定管理员 PC 的 IP 地址

提到 RG-WALL 提供的服务, 其中包括允许向特定管理员 IP 地址提供 HTTPS 的服务。

想利用 RG-WALL 的 GUI，CLI 必须注册管理员 PC 的 IP 地址。设置时间以后，进入管理员 IP 地址输入的提示行。

管理员 PC 的 IP 地址最多可以输入 10 个，并且每个 IP 地址之间用逗号或空格隔开。例如：192.168.1.10，192.168.1.100，这是为了防止非管理员用户误入防火墙。

输入完管理员 IP 地址，进入下一阶段。

以下的步骤基本上都可以通过进入防火墙的图形化配置界面后进行配置。

7)　网络接口构成

为使 RG-WALL 的网络连接正常，必须按照计划书的方案分配各接口地址。这里最重要的是，相关设置要和你的计划及拓扑结构一致。

另外还有其他很多设置，可参照说明书。

5.2　情境训练：园区网安全配置实例

如图 5-6 所示为一个校园网实际拓扑的一部分，其中的服务器是校园内部财务处的数据服务器，因此不允许外网的任何计算机终端访问；对于内部网络的计算机，也是有较为严格限制的，应设置外网任何计算机不得访问该服务器，内网只允许 VLAN30 局域网内的计算机终端访问。

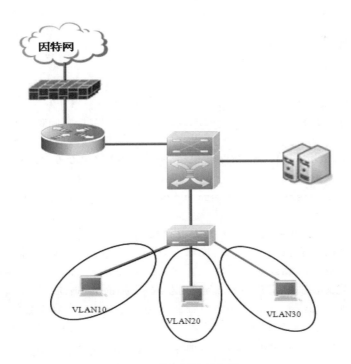

图 5-6　校园网连接实例

进一步地，可以设定财务处的计算机终端的 MAC 地址，让即便处在这一网段内的非办公用计算机也不能访问，以防有人不慎将财务数据带出校园。非 VLAN30 的计算机绝对禁止访问该服务器。

有兴趣的同学还可以设置各 VLAN 之间的互访限制，也可以自行设定规定时间的访问限制，这对于理解 ACL 的相关操作大有益处。

5.3 知识拓展：动态 ACL

动态 ACL 是 Cisco IOS 的一种安全性，它使用户在防火墙中临时打开一个缺口，而不会破坏其他已经配置的安全限制。

1．试验目的

通过本次试验，来掌握如下内容：

● 动态 ACL 的工作原理。
● 配置 VTY 本地登录。
● 配置动态 ACL。
● 动态 ACL 调试。

本试验要求：如果 PC3 所在网段想要访问路由器 R2 的 WWW 服务，必须先 Telnet 路由器 R2 后才能访问。

2．实验步骤

具体步骤如下：

```
R2 (config)#username ccie passsword cisco
R2 (config)#access-list 120 permit tcp 172.16.3.0 0.0.0.255 host 2.2.2.2 eq
telent
R2 (config)#access-list 120 permit tcp 172.16.3.0 0.0.0.255 host 12.12.12.2
eq telent
R2 (config)#access-list 120 permit tcp 172.16.3.0 0.0.0.255 host 23.23.23.2
eq telent
R2 (config)#access-list 120 permit eigip any any
R2 (config)#access-list 120 dynamic test timeout 120 permit ip 172.16.3.0
0.0.0.255 host 2.2.2.2
//dynamic 定义动态 ACL，timeout 定义动态 ACL 绝对的超时时间
R2 (config)#access-list 120 dynamic test1 timeout 120 permit ip 172.16.3.0
0.0.0.255 host 23.23.23.23
R2 (config)#access-list 120 dynamic test2 timeout 120 permit ip 172.16.3.0
0.0.0.255 host 12.12.12.12
R2 (config)#int  se 0/0/1
R2 (config-if)ip acess-group 120 in
```

```
R2 (config)#line vty 0 4
R2 (config-linr)#login local
R2 (config-line)#antocommand access-enable host timeout 5
```

在一个动态 ACL 中创建一个临时性的访问控制列表条目，timeout 定义了空闲超时值，空闲超时值必须小于绝对超时值。

如果使用参数 host，那么临时性条目将只为用户所用的单个 IP 地址创建，如果不使用，那么用户的整个网络都将被该临时性条目允许。

3. 试验调试

(1) 没有 Telnet 路由器 R2，在 PC3 上直接访问路由器 R2 的 WWW 服务，不成功，路由器 R2 的访问控制列表如下：

```
R2#show sccess-lists
Extended IP access list 120
permit 172.16.3.0 0.0.0.255  host 2.2.2.2 eq telnet
permit 172.16.3.0 0.0.0.255 host 12.12.12.2 eq telnet
permit 172.16.3.0 0.0.0.255 host 23.23.23.2 eq  telnet
permit  eigrp any any
dynamic test permit ip 172.16.3.0 0.0.0.255 host 2.2.2.2
dynamic text1 permit ip 172.16.3.0 0.0.0.255 host 23.23.23.2
dynamic text2 permit ip 172.16.3.0 0.0.0.255 host 12.12.12.2
```

(2) Telent 路由器 R2 成功之后，在 PC3 上访问路由器 R2 的 WWW 服务，成功，路由器 R2 的访问控制列表如下：

```
R2#show access-list
Extended IP access list 120
10 permit tcp 172.16.3.0 0.0.0.255 host 2.2.2.2 eq telent (114 matches)
20 permit tcp 172.16.3.0 0.0.0.255 host 12.12.12.2 eq telent
30 permit tcp 172.16.3.0 0.0.0.255 host 23.23.23.2 eq telent
40 permit eigrp any any(159 matches)
50 dynamic text permit  ip 172.16.3.0 0.0.0.255 host 2.2.2.2
   Permit ip host 172.16.3.1 host 2.2.2.2(15 matches)(time left 288)
60 dynamic text1 permit ip 172.16.3.0 0.0.0.255 host 23.23.23.2
70 dynamic text2 permit ip 172.16.3.0 0.0.0.255 host 12.12.12.2
```

从(1)和(2)的输出结果可以看出，从主机 172.16.3.1 telent 2.2.2.2，如果通过认证，该 Telent 会话会被切断，IOS 软件在动态访问控制列表中动态建立一临时条目 permit ip host 172.16.3.1 host 2.2.2.2，此时在主机 172.16.3.1 上访问 2.2.2.2 的 Web 服务，成功。

5.4 操 作 练 习

操作与练习 5-1　标准访问控制列表配置

① 基本配置：

```
!Router1 基本配置
Router>enable
Router#configure terminal
Router(config)#hostname Router1
Router1(config)#interface fastEthernet 1/0
Router1(config)#ip add 172.16.1.1 255.255.255.0
Router1(config-if)#no shutdown
Router1(config-if)#interface fastEthernet 1/1
Router1(config)#ip add 172.16.2.1 255.255.255.0
Router1(config-if)#no shutdown
Router1(config)#interface serial 1/2
Router1(config)#ip add 172.16.3.1 255.255.255.0
Router1(config)#clock rate 64000
Router1(config-if)#no shutdown
Router1(config-if)#end
Router#show ip int brief
!Router2 基本配置
Router>enable
Router#configure terminal
Router(config)#hostname Router2
Router1(config)#interface fastEthernet 1/0
Router1(config)#ip add 172.16.4.1 255.255.255.0
Router1(config-if)#no shutdown
Router1(config-if)#exit
Router1(config)#interface serial 01/2
Router1(config)#ip add 172.16.3.1 255.255.255.0
Router1(config-if)#no shutdown
Router1(config-if)#end
!配置静态路由
Router1(config)#ip route 172.16.4.0 255.255.255.0 serial 1/2
Router2(config)#ip route 172.16.1.0 255.255.255.0 serial 1/2
Router2(config)#ip route 172.16.2.0 255.255.255.0 serial 1/2
Router1#show ip route
Router2#show ip route
```

② 配置标准 IP 访问控制列表：

```
Router2(config)#access-list 1 deny 172.16.2.0 0.0.0.255
```

!拒绝来自 172.16.2.0 网段的流量通过

Router2(config)#access-list 1 permit 172.16.1.0 0.0.0.255

!允许来自 172.16.1.0 网段的流量通过

Router#show access-lists 1

③　把访问控制列表在接口下应用：

Router2(config-if)#interface fastEthernet 1/0

Router2(config-if)#ip access-group 1out　!在接口下的访问控制列表出栈流量调用

Router2#show ip interface fastEthernet1/0

④　验证测试：172.16.2.0 网段的主机不能 Ping 通 172.16.4.0 网段的主机；172.16.1.0 网段的主机能 Ping 通 172.16.4.0 网段的主机。

【注意事项】

①　注意在访问控制列表的网络掩码是反掩码。

②　标准控制列表要应用于尽量靠近目的地址的接口。

操作与练习 5-2　扩展访问控制列表配置

①　基本配置：

3550-24(config)#vlan 10

3550-24(config-vlan)#name server

3550-24(config)#vlan 20

3550-24(config-vlan)#name teachers

3550-24(config)#vlan 30

3550-24(config-vlan)#name students

3550-24(config)#interface f0/5

3550-24(config-if)#switchport mode access

3550-24(config-if)#switchport access vlan 10

3550-24(config)#interface f0/10

3550-24(config-if)#switchport mode access

3550-24(config-if)#switchport access vlan 20

3550-24(config)#interface f0/15

3550-24(config-if)#switchport mode access

3550-24(config-if)#switchport access vlan 30

3550-24(config)#int vlan 10

3550-24(config-if)# ip add 192.168.10.1 255.255.255.0

3550-24(config-if)# no shutdown

3550-24(config)#int vlan 20

3550-24(config-if)# ip add 192.168.20.1 255.255.255.0

3550-24(config-if)# no shutdown

3550-24(config)#int vlan 300

3550-24(config-if)#switchport ip add 192.168.30.1 255.255.255.0

3550-24(config-if)# no shutdown

② 配置命名扩展 IP 访问控制列表：

```
3550-24(config)#ip access-list extended denystudentwww
!验证命令
3550-24#sh ip access-lists denystudentwww
```

③ 把访问控制列表在接口下应用：

```
3550-24(config)#int vlan 30
3550-24(config-if)#ip access-group denystudentwww in
```

④ 配置 Web 服务器(详见选学实验内容)。

⑤ 验证测试。

分别在学生网段和教学宿舍网段使用 1 台主机，访问 Web 服务器。测试发现学生网段不能访问网页，教学宿舍网段可以访问网页。

【注意事项】

① 访问控制列表要在接口下应用。

② 要注意 deny 某个网段后要 permit 其他网段。

操作与练习 5-3 基于时间访问控制列表的配置

① 基本配置：

```
Router#configure terminal
Router(config)#interface fastethernet 1/0
Router(config-if)#ip address 172.16.1.1 255.255.255.0
Router(config-if)#no shutdown
Router(config-if)#exit
Router(config)#interface fastethernet 1/1
Router(config-if)#ip address 172.16.1.2 255.255.255.0
Router(config-if)#no shutdown
Router(config-if)#exit
!验证配置：查看路由器接口状态
Router#show ip interface brief
```

② 配置路由器的时钟：

```
Router#show clock  !查看路由器当前时钟
Route#show clock set 16:03:40 27 april 2006-4-27
!重设路由器当前时钟和实际时钟同步
Router#show clock
Clock:2006-4-27 16:04:9
```

③ 定义时间段：

```
Router(config)#time-range freetime
Router(config-time-range)#absolute start 8:001 jan 2006 end 18:00 30 dec 2010
```

```
Router(config-time-range)periodic daily 0:00 to 9:00   !定义周期时间段
Router(config-time-range)periodic daily 17:00 to 23:59    !定义周期性时间段
!验证配置：查看时间段配置
Router#show time-range
```

④　定义访问控制列表：

```
!定义扩展访问控制列表，允许访问主机 160.16.1.1
Router(config)#access-list 100 permit ip any host 160.16.1.1
关联 time-range 接口 t1，允许在规定时间段访问任何网络
Router(config)#access-list 100 permit ip any time-range freetime
!注意：访问控制列表的隐含规则是拒绝所有数据包
!验证配置；查看访问控制列表配置
Router#show access-lists
```

⑤　将访问列表规则应用在接口上：

```
Router(config)#interface fastethernet 1/0
Router(config)#show ip interface fastethernet1/0
```

⑥　验证测试。

在服务器主机上配置 Web 服务器，服务器 IP 地址为 160.16.1.1(详见选修实验内容)。

验证在工作时间的服务器的访问：更改路由器的当前时间为上班时间，PC 机可以访问 160.16.1.1 的 Web 服务。更改服务器的 IP 地址为 160.16.1.5，PC 机无法访问 Web 服务。

验证在非工作时间的服务器的访问：更改路由器的当前时间为下班时间，PC 机可以访问 160.16.1.1 的 Web 服务，更改服务器的 IP 地址为 160.16.1.5，PC 机同样可以访问 Web 服务。

【注意事项】

①　在定义事件接口前，须先校正路由器系统时钟。

②　Time-range 接口上允许配置多条 periodic 规则(周期时间段)，在 ACL 进行匹配时，只要能匹配任一条 periodic 规则，即认为匹配成功，而不是要求必须同时匹配多条 periodic 规则。

③　设置 periodic 规则时，可用按以下日期段进行设置：day-of-the-week(星期几)、weekdays(工作日)、weekdays(周末，即周六和周日)、daily(每天)。

Time-range 接口上只允许配置一条 absolute 规则(绝对时间段)。

Time-range 允许 absolute 规则与 periodic 规则并存，此时，ACL 必须首先匹配 absolute 规则，然后再匹配 periodic 规则。

操作与练习 5-4　二层交换机上访问控制列表的配置

①　基本原理：

```
Router#configure terminal
Router(config-if)#ip address 172.16.1.2 255.255.255.0
```

```
Router(config-if)#no shutdown
Router(config-if)#exit
Router(config)#interface fastethernet 1/1
Router(config-if)#ip address 160.16.1.2 255.255.225.0
Router(config-if)#no shutdown
Router(config-if)#exit
Router(config)#
!验证配置：查看路由器接口的状态
Router#show ip interface brief
Interface                IP-Address(pri)      OK?        Status
Serial 1/2               no  address          YES        DOWN
Serial 1/3               no  address          YES        DOWN
FastEthernet 1/0         172.16.1.2/24        YES        UP
FastEthernet 1/1         172.16.1.2/24        YES        UP
Null 0                   no address           YES        UP
```

② 在 S2126G 上配置专家级访问控制列表：

```
Switch(config)# expert access-list extended test1
Switch(config-ext-nacl)# deny ip host 172.16.1.1 host 00e0.9823.9526 host
160.16.1.1 any
Switch(config-ext-nacl)# permit any any any any
!验证测试：验证访问列表配置
Switch# show access-lists test1
Expert access list : test1
deny ip host 172.16.1.1 host 00e0.9823.9526 host 160.16.1.1 any
permit ip any any any any
```

③ 在接口上应用专家级访问列表控制列表：

```
Swith(config)# interface fastethernet 0/1
Swith(config-ip)# expert access-group test1 in

!验证测试：验证接口上应用的访问列表
Switch# show access-group
Interface       Inbound access-list           outbound access-list
-----------     ------------                  --------------------
Fa0/1           test1
```

④ 验证测试访问控制列表的结果：

```
!PC1 测试
C:\.>ping 160.16.1.1    !验证 PC1 不能访问服务器 160.16.1.1
C:\.>ping 172.16.1.3    !验证 PC1 不能访问服务器 172.16.1.3

!PC2 测试
C:\.>ping 160.16.1.1    !验证 PC2 不能访问服务器 160.16.1.1
```

【注意事项】

① 专家级访问列表用于过滤二层、三层和四层的数据流。

② 专家级访问列表可以使用源 MAC 地址、目的 MAC 地址、以太网类型、源 IP、目的 IP 及可选的协议类型信息作为匹配的条件。

5.5　理　论　练　习

选择一个最优的答案填入括号中。

(1) 下列哪些访问列表范围符合 IP 范围? (　　)

    A. 1~99　　　　B. 100~199　　　　C. 800~899　　　　D. 900~999

(2) 访问列表分为哪两类? (　　)

    A. 标准访问列表　　　　　　　　B. 高级访问列表

    C. 低级访问列表　　　　　　　　D. 扩展访问列表

(3) R2624 路由器如何显示访问列表 1 的内容? (　　)

    A. show acl 1　　　　　　　　B. show list 1

    C. show access-list 1　　　　　D. show access-lists 1

(4) 扩展 IP 访问列表的号码范围是(　　)。

    A. 1~99　　　　B. 100~199　　　　C. 800~899　　　　D. 900~999

(5) 以下为标准访问列表选项的是(　　)。

    A. access-list 116 permit host 2.2.1.1

    B. access-list 1 deny 172.168.10.198

    C. access-list 1 permit 172.168.10.198 255.255.0.0

    D. access-list standard 1.1.1.1

(6) 在配置访问列表的规则时，以下描述正确的是(　　)。

    A. 加入的规则都被追加到访问列表的最后

    B. 加入的规则可以根据需要任意插入到需要的位置

    C. 修改现有的访问列表，需要删除重新配置

    D. 访问列表按照顺序检测，直到找到匹配的规则

(7) 以下对交换机安全端口描述正确的是(　　)。

    A. 交换机安全端口的模式可以是 trunk

    B. 交换机安全端口违例处理方式有两种

    C. 交换机安全端口模式默认是打开的

    D. 交换机安全端口必须是 access 模式

(8) 访问列表是路由器的一种安全策略。决定用一个标准 IP 访问列表来做安全控制，以下为标准访问列表的例子为(　　)。

A.　access-list standard 192.168.10.23

B.　access-list 10 deny 192.168.10.23 0.0.0.0

C.　access-list 101 deny 192.168.10.23 0.0.0.0

D.　access-list 101 deny 192.168.10.23 255.255.255.255

(9) 下列条件中, 能用作标准 ACL 决定报文是转发或还是丢弃的匹配条件有(　　)。

A.　源主机 IP 　　　B.　目标主机 IP 　　　C.　协议类型 　　　　　D.　协议端口号

(10) 扩展的访问控制列表, 可以采用以下哪几个来允许或者拒绝报文? (　　)

A.　源地址 　　　　B.　目标地址 　　　　C.　协议 　　　　　　D.　端口

(11) 病毒是一种(　　)。

A.　可以传染给人的疾病 　　　　　　　B.　计算机自动产生的恶性程序

C.　人为编制的恶性程序或代码 　　　　D.　环境不良引起的恶性程序

(12) 某路由器收到了一个 IP 数据报, 在对其首部进行校验后, 发现该数据报存在错误, 路由器最有可能采取的动作是(　　)。

A.　纠正该 IP 数据报的错误 　　　　　B.　将该 IP 数据报返给源主机

C.　抛弃该 IP 数据报 　　　　　　　　D.　通知目的主机数据报出错

(13) 计算机病毒由网络传播给用户计算机系统的主要途径有三个, 即(　　)。

A.　通过公共匿名 FTP 文件传播

B.　通过电子邮件传播

C.　通过主页文件中的病毒脚本程序传播

D.　通过防火墙传播

(14) 为了预防计算机病毒, 应采取的最有效措施是(　　)。

A.　不同任何人交流 　　　　　　　　　B.　绝不玩任何计算机游戏

C.　不用盗版软件和来历不明的磁盘 　　D.　每天对磁盘格式化

(15) 计算机病毒的主要危害是(　　)。

A.　损坏计算机硬盘 　　　　　　　　　B.　破坏计算机显示器

C.　降低 CPU 主频 　　　　　　　　　　D.　破坏计算机软件和数据

情境 6 广域网连接

情 境 描 述

广域网是工作于特殊场合的网络，它的主要任务和特征是长距离传输，一般情况下都属于公共网络，由专门的部门负责管理和维护，在我国，这一工作主要由电信部门完成。由于是开放环境下的公共传输，设备的自身安全和其所传输的信息安全就显得格外重要。请通过配置，保证其路由等相关重要信息不被网络自治系统以外的组织或个人获取。广域网所用的技术也比较特殊，早期曾较多使用帧中继技术，近年来应用较多的为光同步技术，由于实验条件所限，本书的案例仍以帧中继为讲解案例。

6.1 知 识 储 备

6.1.1 广域网概述

局域网只能在一个相对比较短的距离内实现，当主机之间的距离较远时(例如，相隔几十或几百千米，甚至几千千米)，局域网显然就无法完成主机之间的通信任务。这时，就需要另一种结构的网络，即广域网。广域网(Wide Area Networks，WAN)的地理覆盖范围可以从数公里到数千公里，可以连接若干个城市、地区，甚至跨越国界，而成为遍及全球的一种计算机网络。广域网将地理上相隔很远的局域网互连起来。

在网络中，资源共享成为网络存在的最根本应用，但是，对于两个局域网物理相隔距离较远的情况，资源共享变得困难起来，显然，在更广泛的范围内建立起计算机通信网成为必需。广泛的范围是指地理范围而言，可以超越一个城市、一个国家，甚至全球，因此对通信的要求高、复杂性也高。"局域网"要求被连接在一起，这就要用到"广域网"技术，由广域网将分散于各处的局域网连接后，构成整个"国际互联网"。广域网由于其应用的不同，采用的技术相对于局域网也有很大的差异。

重点提示： 需要澄清的一个概念是广域网不等于互联网。在互联网中，为不同类型、协议的网络"互连"才是它的主要特征。

由于广域网的造价较高，一般都是由国家或较大的电信公司出资建造。广域网是互联网的核心部分，其任务是通过其自身的技术特点，长距离运送主机所发送的数据。连接广域网各节点交换机的链路都是高速链路，其距离可以是几千公里的光缆线路，也可以是几万公里的点对点卫星链路。

广域网由一些节点交换机以及连接这些交换机的链路组成。节点交换机的任务是将分组存储转发，节点之间都是点到点连接，但为了提高网络的可靠性，通常，一个节点交换机往往与多个节点交换机相连。受经济条件的限制，广域网都不使用局域网普遍采用的多点接入技术。从层次上考虑，广域网和局域网的区别很大，因为局域网使用的协议主要在数据链路层，而广域网使用的协议则主要在网络层。

1. 广域网数据传送技术

1) 点对点链路

点对点链路提供的是一条预先建立的从客户端经过运营商网络到达远端目标网络的广域网通信路径。一条点对点链路就是一条租用的专线，可以在数据收发双方之间建立起永久性的固定连接。网络运营商负责点对点链路的维护和管理。

点对点链路可以提供两种数据传送方式。一种是数据报传送方式，该方式主要是将数据分割成一个个小的数据帧进行传送，其中每一个数据帧都带有自己的地址信息，都需要进行地址校验。另外一种是数据流传送方式，该方式与数据报传送方式不同，用数据流取代一个个的数据帧作为数据发送单位，整个流数据具有一个地址信息，只需要进行一次地址验证即可。如图6-1所示的就是一个典型的跨越广域网的点对点链路。

图6-1　广域网点对点链路

2) 电路交换

电路交换是广域网所使用的一种交换方式。可以通过运营商网络为每一次会话过程建立、维持和终止一条专用的物理电路。电路交换也可以提供数据报和数据流两种传送方式。电路交换在电信运营商的网络中被广泛使用，其操作过程与普通的电话拨叫过程非常相似。综合业务数字网(ISDN)就是一种采用电路交换技术的广域网技术。

3) 虚拟电路

虚拟电路是一种逻辑电路，可以在两台网络设备之间实现可靠通信。虚拟电路有两种不同形式，分别是交换虚拟电路(SVC)和永久性虚拟电路(PVC)。

SVC是一种按照需求动态建立的虚拟电路，当数据传送结束时，电路将会被自动终止。SVC上的通信过程包括3个的阶段：即电路创建、数据传输和电路终止。电路创建阶段主要是在通信双方设备之间建立起虚拟电路；数据传输阶段通过虚拟电路在设备之间传送数据；电路终止阶段则是撤消在通信设备之间已建立起来的虚拟电路。SVC主要是用于非经常性的数据传送的网络，这是因为，在电路创建和终止阶段，SVC需要占用更多的网络带宽。不过，相对于永久性虚拟电路来说，SVC的成本较低。

　　PVC 是一种永久性建立的虚拟电路，只具有数据传输一种模式。PVC 可以应用于数据传输频繁的网络环境，这是因为，PVC 不需要为创建或终止电路而使用额外的带宽，所以对带宽的利用率更高。不过，永久性虚拟电路的成本较高。

　　4)　包交换

　　包交换也是广域网上一种经常使用的交换技术，通过包交换，网络设备可以共享一条点对点链路，通过运营商网络，在设备之间进行数据包的传递。包交换主要采用统计复用技术在多台设备之间实现电路共享。ATM、帧中继、SMDS 以及 X.25 等都是采用数据包交换技术的广域网技术。

　　综上所述，广域网中经常使用的技术有以下几种：

- 综合业务数字网(ISDN)。
- X.25。
- ATM。
- 帧中继。
- SMDS。

2．广域网中常用的数据链路层协议

　　广域网数据链路层将数据传送到远程站点，定义了数据是如何进行封装的。广域网数据链路层协议描述了帧如何在系统之间单一数据路径上进行传输，数据帧是如何传送的，包括点对点，多点和多路访问交换服务所涉及的协议。

　　重点提示：迄今为止，一定要有这样的认知，那就是"当数据送上传输线路的时候，一定是符合某种格式的帧数据"。

　　1)　点到点协议(PPP)

　　PPP 是一个面向连接的协议，这是不可靠的、面向字节的连接。PPP 使用无编号帧，也可以工作在可靠的面向比特的模式。PPP 包含用于标志网络层协议的字段，是目前较为流行的数据链路层协议。

　　2)　高级数据链路控制(HDLC)协议

　　HDLC 协议是 IEEE 定义的一个标准，既支持点对点配置，又支持多点配置，它实现起来非常简洁，但安全性、灵活性上不如 PPP 协议。HDLC 可能因不同厂商提供的产品而不兼容，因为它们实现的方法不同，但大多数三层网络设备默认支持的协议就是 HDLC。

　　3)　帧中继(Frame Relay)

　　帧中继是一种面向连接的、没有内在纠错机制的协议，使用高质量的数字设备，采用简化的成帧技术。仅当帧中继网络本身的误码率非常低时，帧中继技术才是可行的。

　　4)　点到点协议(PPP)详细分析

　　针对广域网的链路层通信，在点对点的连接场景中，在很大程度上依靠 PPP 协议的各种特性，因此，有必要对点对点协议 PPP 进行深入的探讨。

　　PPP(Point-to-Point Protocol)是 SLIP(Serial Line Interface Protocol)的继承者，它提供了跨

越同步和异步电路，实现路由器到路由器(router-to-router)和主机到网络(host-to-network)的连接。

(1) PPP 协议的特点。

1992 年，Internet IETF 成立了一个小组来制定点到点的数据链路协议——Internet 标准。该标准命名为 PPP(Point-to-Point Protocol)，即点到点协议。经过 1993 年和 1994 年的修订，现在已成为 Internet 的正式标准。PPP 能支持差错检测，支持各种协议，在连接时，IP 地址可复制，具有身份验证功能，可以以各种方式压缩数据，支持动态地址协商，支持多链路捆绑等。这些丰富的选项，增强了 PPP 的功能。PPP 协议是目前使用最广泛的广域网协议，这是因为，它具有以下特性：

- 能够控制数据链路的建立。
- 能够对 IP 地址进行分配和使用。
- 允许同时采用多种网络层协议。
- 能够配置和测试数据链路。
- 能够进行错误检测。
- 有协商选项，能够对网络层的地址和数据压缩等进行协商。

(2) PPP 的功能和层次结构。

PPP 主要实现以下 3 部分功能。

- 拥有在串行链路上封装数据报的方法。PPP 采用高级数据链路控制(HDLC)作为在点对点的链路上封装数据报的基本方法。
- 链路控制协议(Link Control Protocol，LCP)用于启动线路，测试，任选功能的协商及关闭连接。
- 网络控制协议(Network Control Protocol，NCP)用来建立和配置不同的网络层协议。PPP 协议允许同时采用多种网络层协议，如 IP 协议、IPX 协议和 DECnet 协议。PPP 协议使用 NCP 对多种协议进行封装。

PPP 协议由层次结构组成。PPP 协议使用物理层的功能，PPP 协议能够使用：

- 同步物理介质，如综合业务数字网(ISDN)的介质。
- 异步物理介质，如用来建立拨号连接的电话网络。

PPP 协议的高层功能利用 NCP 在多个网络层协议之间传递数据报。PPP 的高层协议包括如下几种：

- BCP(Bridge Control Protocol)：网桥控制协议。
- IPCP(Internet Protocol Control Protocol)：IP 控制协议。
- IPXCP(InternetWork Packet Exchange Control Protocol)：IPX 控制协议。

(3) PPP 会话建立的过程。

PPP 提供了建立、配置、维护和终止点到点连接的方法，从开始发起呼叫到最终通信完成后释放链路。PPP 经过以下 4 个阶段，在一个点到点的链路上建立通信连接。

① 链路的建立和配置协调。通信的发起方发送 LCP 帧来配置和检查数据链路，主要用于协商选择将要采用的 PPP 参数，包括身份验证、压缩、回拨、多链路捆绑等。

②　链路质量检测。在链路建立、协调后，这一阶段是可选的。

③　网络层协议配置协调。信息的发起方发送 NCP 帧，以选择并配置网络层协议。配置完成后，通信双方可以发送各自的网络层协议数据包。

④　关闭链路。通信链路将一直保持到 LCP 或 NCP 帧关闭链路，或者是发生一些外部事件。

知识库：PPP 的工作过程

PC 终端首先通过调制解调器呼叫远程访问服务器，如 ISP 的路由器。当路由器上的远程访问模块应答了这个呼叫后，就建立起一个初始的物理链路。接下来，PC 终端和远程访问服务器之间开始传送一系列经过 PPP 封装的 LCP 分组。如果有一方要求认证，就会开始进入认证过程。如果认证失败，比如错误的用户名、密码，则链路被终止，双方负责通信的设备模块将关闭物理链路，回到空闲状态。如果认证成功，则通信开始以一系列的 NCP 分组来配置网络层。

如果网络层使用的是 IP，此过程则是由 IPCP 来完成。当 NCP 配置完成后，双方的逻辑通信链路就建立好了。双方可以开始在此链路上交换上层数据。当数据传送完成后，一方会发起断开连接的请求。这时，首先使用 NCP 来释放网络层的连接，归还 IP 地址，然后利用 LCP 来关闭数据链路层的连接，最后，双方的通信设备回到空闲状态。

6.1.2　广域网认证配置

PPP 使用链路控制协议(LCP)创建、维护或终止一次物理连接。在 LCP 阶段的初期，将对基本的通信方式进行选择。应当注意，在链路创建阶段，只是对验证协议进行选择。客户 PC 会将用户的身份明发给远端的接入服务器。该阶段使用一种安全验证方式避免第三方窃取数据或冒充远程客户接管与客户端的连接。大多数的 PPP 方案提供了有限的验证方式，包括口令验证协议(PAP)，挑战握手验证协议(CHAP)。

1．PAP 和 CHAP 的原理

PPP 提供了两种可选的身份认证方法：使用口令验证协议和挑战握手验证协议。

1)　PAP 认证

PAP 是一个简单的、实用的身份认证协议，PAP 认证进程只在双方的通信链路建立初期运行，如果认证成功，在通信过程中不再进行认证，如果认证失败，则直接释放链路。

当双方都安装了 PPP 协议而且要求进行 PAP 身份认证，且相互之间的链路在物理层已激活后，认证客户端会不停地发送身份认证的请求，直到身份认证成功。当客户端路由器发送了用户名或口令后，认证服务器会将收到的用户名和口令与本地数据库中的口令信息比较，如果正确，则身份认证成功，否则为失败。

PAP 认证可以在一方进行，即由一方认证另一方的身份，也可以进行双方身份认证。

这时，要求被认证的双方都要通过身份认证，否则无法建立二者之间的链路。

PAP 的弱点是，用户的用户名和密码是明文发送的，有可能被协议分析软件捕获而导致安全问题，但正因如此，认证只在链路建立初期进行，因此节省了宝贵的链路带宽。

2） CHAP 认证

CHAP 认证比 PAP 安全，因为 CHAP 不在线上发送明文密码，而是发送经过摘要算法加工过的随机序列，也被称为"挑战字符串"。同时，身份认证可以随时进行，包括在双方正常通信过程中。因此，非法用户就算截获并成功破解了一次密码，此密码也将在一段时间内失效。

CHAP 对系统要求很高，因为需要多次进行身份咨询、响应。这需要消耗较多的 CPU资源。因此，只用在对安全要求很高的场合。

因为 CHAP 不在线路上发送明文密码，因此 CHAP 认证不如 PAP 认证安全，同 PAP一样，CHAP 认证可以在一方进行，即由一方认证另一方的身份，也可以进行双向身份认证，这时，要求被认证的双方都要通过认证程序，否则无法建立连接。与 PAP 不同的是，这时认证服务器发送的是"挑战"字符串。

2. PPP 封装

对于同步串行接口，可以使用命令 ENCAPSULATION PPP 将封装格式设为 PPP，当通信双方的某一方封装格式为非 PPP，而另一方为 PPP 时，双方关于封装协议的协商将失败。此时，链路处于协议性关闭状态，通信无法进行。这时，在路由器 R1 与 R2 的链路成功建立之前，路由器 R1 及 R2 的列表为空。

当路由器 R1 的串行接口 S1/2 改为 PPP 协议时，双方的通信将恢复正常，在 R1 上从命令 DEBUG PPP EVENTS 的输出将可以发现，路由器成功地安装了此链路通路，同时系统提示该链路协议被激活，链路可用。

3. PAP 配置

CHAP 和 PAP 通常被用在 PPP 封装的串行线路上提供安全性认证。使用 CHAP 和 PAP认证，每个路由器通过名字来识别，可以防止未经许可的访问。要使用 CHAP/PAP，必须使用 PPP 封装。如果双方协商达成一致，可以不使用任何身份认证方法。

PAP 认证的配置方法：建立本地口令数据库、启用 PAP 认证、认证客户端配置。其中前两个步骤为认证端的配置，第三步为被认证端配置。

认证服务端配置：

```
R1(config)#username ruijie password 123456
```

配置认证服务器端进行 PAP 认证：

```
R1(config)#int se 1/2
R1(config-if)#ppp authentication pap
```

认证端配置：

```
R2(config)#int se 1/2
R1(config-if)#PPP pap sent-username ruijie password 123456
```

4．CHAP 认证

配置认证服务器进行 CHAP 认证：

```
Router1(config)#interface serial 1/2
Router1(config-if)#ppp authentication chap
```

认证客户端配置：

通过全局模式下的命令 username username password password 来为本地命令数据库添加记录，例如：

```
Router2(config)#username Router1 password 123456
```

路由器 Router1 和 Router2 的 S0 口封装 PPP 协议，采用 CHAP 做认证，在 Router1 中建立一个用户，以对端路由主机名作为用户名，即用户名应为 Router2。同时，在 Router2 中应该建立一个用户，以对端路由主机名作为用户名，即用户名应为 Router1。所建立的这两个用户的 password 必须相同。设置如下。

Router1：

```
#hostname router1
Router1(config)#username router2 password samesecret
Router1(config)#interface Serial 1/2
Router1(config)#ip address 192.200.10.1 255.255.255.0
Router1(config-if)#ppp authentication chap
```

Router2：

```
#hostname router2
Router2(config)#username router2 password samesecret
Router2(config)#interface Serial 1/2
Router2(config)#ip address 192.200.10.1 255.255.255.0
Router2(config-if)#ppp authentication chap
```

通过以上配置，路由器 Router1、Router2 将建立起 CHAP 认证。但是认证双方选择的认证方法可能不一样，例如一方选择 PAP，另一方选择 CHAP，这种情况下，双方的认证协商将告失败。

为了避免身份认证协议过程中出现这样的失败，可能配置路由器使用两种认证方法。当第一种认证协议协商失败后，可以选择尝试另一种身份认证方法。下面的命令配置路由器，首先采用 PAP 身份认证方法，如果失败，再采用 CHAP 身份认证方法：

```
Router1(config-if)#ppp authentication pap chap
```

相反，如果首先采用 CHAP 认证，协商失败后再采用 PAP 认证，命令如下所示：

```
Router1(config-if)#ppp authentication chap pap
```

6.1.3 帧中继的原理及配置

帧中继是 20 世纪 80 年代初发展起来的一种数据通信技术，其英文名为 Frame Relay，简称 FR，它是从 X.25 分组通信技术演变而来的。

数据通信的目的，就是要完成计算机之间、计算机与各种数据终端之间的信息传递。为了实现数据通信，必须进行数据传输，即把位于一地的数据源发出的数据信息通过数据通信网络送到另一地的数据接收设备。被传递的数据信息的类型是多种多样的，其典型的应用有文件传送、电子信箱、可视图文、文件检索、远程医疗诊断等。数据通信网交换技术历经了电路方式、分组方式、帧方式、信元方式等阶段。

电路方式是从一点到另一点传送信息且固定占用电路带宽资源的方式，例如专线 DDN 数据通信。由于预先的固定资源分配，不管在这条电路上实际有无数据传输，电路一直被占着。分组方式是将传送的信息划分为一定长度的包，称为分组，以分组为单位进行存储转发。在分组交换网中，一条实际的电路上能够传输许多对用户终端间的数据，而不互相混淆，因为每个分组中含有区分不同起点、终点的编号，称为逻辑信道号。分组方式对电路带宽采用了动态复用技术，效率明显提高。为了保证分组的可靠传输，防止分组在传输和交换过程中的丢失、错发、漏发、出错，分组通信制订了一套严密的，较为繁琐的通信协议。例如，在分组网与用户设备间的 X.25 规程就起到了上述作用，因此人们又称分组网为 X.25 网。帧方式实质上也是分组通信的一种形式，只不过它对 X.25 分组网中分组交换机之间的恢复差错、防止拥塞的处理过程进行了简化。帧方式的典型技术就是帧中继。由于传输技术的发展，数据传输误码率大大降低，分组通信的差错恢复机制显得过于繁琐，帧中继将分组通信的三层协议简化为两层，大大缩短了处理时间，提高了效率。帧中继网内部的纠错功能很大一部分都交由用户终端设备来完成。

1. 数据通信技术的发展演变过程

可以将帧中继技术归纳为以下几点。

(1) 帧中继技术主要用于传递数据业务，它使用一组规程，将数据信息以帧的形式(简称帧中继协议)有效地进行传送。它是广域网通信的一种方式。

(2) 帧中继所使用的是逻辑连接，而不是物理连接，在一个物理连接上可复用多个逻辑连接(即可建立多条逻辑信道)，可实现带宽的复用和动态分配。

(3) 帧中继协议是对 X.25 协议的简化，因此处理效率很高，网络吞吐量高，通信时延低，帧中继用户的接入速率在 64kb/s 至 2Mb/s 之间，甚至可达到 34Mb/s。

(4) 帧中继的帧信息长度远比 X.25 分组长度要长，最大帧长度可达 1600 字节/帧，适合于封装局域网的数据单元，适合传送突发业务(如压缩视频业务、WWW 业务等)。

2. 帧中继技术简介

如图 6-2 所示，帧中继通信的原理可简单说明为，LAN1 和 LAN2 代表两个要通过帧中继网络互联的局域网。路由器或 FRAD1(帧中继拆装设备)的作用是将局域网 1 的帧(如以太网帧、令牌环帧等)封装打包成 FR 的帧,送入 FR 网络进行传送。FR 路由器 2 或 FRAD2 将从 FR 网络接收到的帧中继帧解包,并转换为以太网帧,送给局域网 2。FR 路由器/FRAD 与 FR 网络间的接口称为"帧中继用户—网络接口",即 FR-UNI 接口(User-Network Interface)。在 FR 网络内部,交换机与交换机之间,或一个 FR 网络与另外一个 FR 网络之间的接口称为 FR-NNI(Network-Network Interface),即"网络—网络接口"。以上两个接口的标准协议由 ITU-T(国际电信联盟)、FR Forum(帧中继论坛)、ANSI(美国国家标准委员会)等组织确定。

图 6-2 帧中继交换示意图

帧中继网络是由许多帧中继交换机通过中继电路连接组成。目前,加拿大北电、新桥,以及美国朗讯、FORE 等公司都能提供各种容量的帧中继交换机。

一般来说,FR 路由器(或 FRAD)是放在离局域网相近的地方,路由器可以通过专线电路接到电信局的交换机。用户只要购买一个带帧中继封装功能的路由器(一般的路由器都支持),再申请一条接到电信局帧中继交换机的 DDN 专线电路或 HDSL 专线电路,就具备开通长途帧中继电路的条件。

知识库:帧中继的带宽控制技术

这是帧中继技术的特点和优点之一。在传统的数据通信业务中,特别像 DDN,用户预定了一条 64K 的电路,那么它只能以 64kb/s 的速率来传送数据。而在帧中继技术中,用户向帧中继业务供应商预定的是约定信息速率(简称 CIR),而实际使用过程中用户可以以高于 CIR 的速率发送数据,却不必承担额外的费用。举例来说,一个用户预定了 CIR=64kb/s 的帧中继电路,并且与供应商鉴定了另外两个指标——Bc(承诺突发量)、Be(超过的突发量),当用户以等于或低于 64kb/s 的速率发送数据时,网络定将负责地传送,当用户以大于 64kb/s 的速率发送数据时,只要网络有空(不拥塞),且用户在一定时间(Tc)内的发送的量(突发量)小于 Bc+Be 时,网络还会传送,当突发量大于 Bc+Be 时,网络将丢弃帧。所以帧中继用户虽然付了 64kb/s 的信息速率费(收费依 CIR 来定),却可以传送高于 64kb/s 的数据,这是帧中继吸引用户的主要原因之一。

帧中继技术首先在美国和欧洲得到应用。1991 年末,美国第一个帧中继网——Wilpac 网投入运行,它覆盖全美 91 个城市。在北欧,芬兰、丹麦、瑞典、挪威等在 20 世纪 90 年

代初联合建立了北欧帧中继网 WORDFRAME，那以后，英国等许多欧洲国家也开始了帧中继网的建设和运行。

在我国，中国国家帧中继骨干网于 1997 年初初步建成，目前能覆盖大部分省会城市。至 1998 年，各省的帧中继网也相继建成。上海目前已能提供国内、国际的帧中继业务。

原邮电部在 1997 年 12 月颁布了国家帧中继骨干网试运行期间的指导性的收费标准。建议的收费标准是按 CIR 值收取费用，其费用是相同 DDN 专线带宽收费的 40%。例如，如果用户原来租用一条 64kb/s 的 DDN 电路，每月需付 3000 元，现在，如果租用一条 CIR=64kb/s 的帧中继电路，只要付 1200 元，而且还能以高于 64kb/s 的速率发送信息，真是获得了高质廉价的服务。目前，许多公司已经或正在考虑申请帧中继电路，其市场前景是广阔的。

中国电信为了推广帧中继业务，在 1997 年 12 月专门赞助主办了中国北京、上海、日本、东京、名古屋四城市间的网络围棋赛，通过帧中继来传送四地棋手的活动画面(速率为 384kb/s)，四方棋手虽然各处一方，但各位棋手的音容笑貌彼此都能互相看见，这是用帧中继技术实现活动图像时实传送很好的应用例子。

目前的路由器都支持帧中继协议，帧中继上可承载流行的 IP 业务，IP 加帧中继，已经成了广域网应用的绝佳选择。近年来，帧中继上的语音传输技术(VOFR)也不断发展，可以预见，在不久的将来，"帧中继电话"将被越来越多的企业所采用。

随着多媒体业务的发展，随着 IP 技术的发展，作为数据通信基础网络技术的帧中继技术将越来越多地被应用，其发展前景无限光明。

3. 帧中继的应用

帧中继是继 X.25 后发展起来的数据通信方式。从原理上看，帧中继与 X.25 及 ATM 同属分组交换一类。但由于 X.25 带宽较窄，而帧中继和 ATM 带宽较宽，所以常将帧中继和 ATM 称为快速分组交换。

帧中继保留了 X.25 链路层的 EELC 帧格式，但不采用 EELC 的平衡链路接入规程 LA (Li Access Procedure-Balanced)，而采用 D 通道链路接入规程 LAPD(Link Access Procedure on the D-Channel)。LAPD 规程能在链路层实现链路的复用和转接，而 X.25 只能在网络层实现该功能。由于帧中继可以不用网络层而只使用链路层来实现复用和转接，所以帧中继的层次结构中，只有物理层和链路层。

与 X.25 相比，帧中继在操作处理上做了大量的简化。帧中继不考虑传输差错问题，其中间节点只做帧的转发操作，不需要执行接收确认和请求重发等操作，差错控制和流量控制均交由高层系统来完成，所以大大缩短了节点的时延，提高了网内数据的传输速率。

4. 帧交换业务

帧交换承载业务的基本特征与帧中继业务相同，其全部控制平面的程序在逻辑上是与用户面相分离的，而且物理层用户面程序使用 I.430/I.431 建议，链路层用户面程序使用 I.441 建议的核心功能，能够对用户信息流量进行统计复用，可以保证在一对发送或接收点之间双向传送业务的数据单元顺序。

帧交换承载业务主要完成下列功能：

- 提供帧的证实传送。
- 对传输差错、格式差错和操作差错进行检测。
- 对丢失的帧或重复的帧进行检测和恢复。
- 提供流量控制。

由于帧交换承载业务仍然采用证实操作方式，所以具有差错恢复能力，基本上保持了链路层的基本功能。但是，帧方式业务在逻辑上分离了控制面和用户面，而不是采用X.31建议，在数据传递之前需要进行建立连接的过程，所以仍然简化了整个协议的处理过程。

在提供帧交换承载业务时，用户可以申请虚呼叫或永久虚电路业务。

用户可以在呼叫建立阶段请求虚呼叫业务。永久虚电路业务不需要呼叫建立和呼叫清除，其逻辑标识和其他相关的参数由管理程序来确定。

5. 帧中继常用的技术术语的说明

1) 吞吐量(Throughput)

吞吐量是在一个方向上单位时间传送的连续数据比特量。显然吞吐量与数据速率有关。假设三个信息帧用了两秒时间传送，第一个帧长为68个字节，第二个帧长为171个字节，第3个帧长为97个字节，其吞吐量则为1344b/s。计算方法如下：

$$68B+171B+97B=336B$$
$$336B\times8=2688b$$
$$2688b\div2s=1344b/s$$

2) 端口(Port)

端口是通过公用通信交换机到达帧中继网络的入口点。

端口速率必须由用户在向通信公司申请业务时选定。

一个端口可以有多个PVC。

3) 信息完整性

即当由网络传送的全部帧满足帧校验序列(FCS)有效检验时，可以保持信息的完整性。

4) 接入速率(AR)

接入速率即用户接入通路的数据速率，接入通路的速度决定了端点用户把多大的数据量(最大速率)送入网络中。

5) 承诺突发量(BC)

承诺突发量是在时间间隔 Tc 期间，一个用户可能向网络提供的最大承诺数据总量。Bc 是在呼叫建立时商定的。

6) 超过的突发量(Be)

超过的突发量是在时间间隔 Tc 期间，用户能超出 Bc 的最大允许的数据总量。通常以比 Bc 低的概率传送该数据(Be)。Be 是在呼叫建立时商定的。

7) 承诺速率测量间隔(Tc)

承诺速率测量间隔是允许用户只送出承诺的数据总量(Bc)和超过的数据总量(Be)的时间间隔。通过计算得到。

8) 承诺信息速率(CIR)

承诺信息速率(CIR)是即在正常情况下提交网络传递的信息传递速率。该速率是在时间Tc的最小增量上求得的平均值。CIR 值是在呼叫建立时商定的。

9) 拥塞管理

拥塞管理包括网络工程、检测拥塞开始的 OAM 程序和防止拥塞或从拥塞恢复的实时机理。拥塞管理包括下面规定的拥塞控制、拥塞避免和拥塞恢复，但并不仅限于这些。

10) 拥塞控制

拥塞控制是指在同时发生峰值业务量需求或网络过负荷(例如，一些资源故障)情况期间，为防止拥塞或从拥塞中恢复的实时机理。拥塞控制包括拥塞避免和拥塞恢复机理。

11) 拥塞避免

拥塞避免程序用于防止拥塞变得严重，拥塞避免程序运用在轻度拥塞和严重拥塞的范围内。

12) 拥塞恢复

拥塞恢复是指为避免拥塞而起始的一些程序，以防止端点用户所感受到的由网络提供的服务质量的严重恶化。当网络由于拥塞已经开始舍弃一些帧时，通常就要启动这些程序。拥塞恢复程序运用在严重拥塞区域内。

13) 残余差错率

对各种帧方式承载业务和相应的层服务，应规定残余差错率。相应于帧方式承载业务的层服务，是由业务数据单元(SDU)的交换来表征的。对于帧中继而言，是在 Q.922 协议核心功能和在它们之上执行的端到端协议之间的功能性界面上交换 SDU。借助于帧协议数据单元(FRDU)网络参与这种交换，在帧中继中，FPDU 是在 Q.922 协议核心功能中规定的那些帧。

14) 传送有误的帧

在一个被传送的帧中，有一个或多个比特值处于差错情况时，或者在帧中的一些比特、但不是全部比特被丢失或额外增加时(即在原始信号中没有出现过的比特)，就把这个被传送的帧定义为有错误的帧。

15) 重复传送的帧

如果下面两种情况存在的话，则把一个特定目的地用户接收的帧 D 定义为重复的帧。

(1) D 不是源点用户产生的。

(2) D 与先前传送到那个目的地用户的帧完全相同。

16) 传送失序的帧

考虑一个帧序列 F1，F2，F3，F4，...，Fn，假定首先传送 F1，其次传送 F2，等等，最后传送 Fn。如果被传送的帧 Fi 在 Fi+1，Fi+2，...，Fn 任何帧之后到达目的地，则把 Fi

下定义为失序的帧。

17) 失帧

当在一个特定的有限时间内,一个被传送的帧没有传到指定的目的地用户,并且网络对未送达负责时,则称该帧为失帧。

18) 误传帧

误传帧是指从一个源点传送到目的地用户以外的其他某个目的地用户的帧。至于信息的内容是否正确,是无关紧要的。其中吞吐量和时延是两个重要的参数。现有 X.25 分组网络,由于协议处理和数据传输的选路方式比较复杂,网络进行数据处理的时延较大,约为50ms,信息在网络层即第三层进行复用。而帧方式承载业务在用户平面上简化了协议的操作,使网络对每个协议数据单元的处理效率有所提高,从而提高了吞吐量,降低了时延,时延约为 3ms,信息在链路层即第二层进行统计复用,使更多的呼叫可以共享网络资源。但是,在业务流量超过了网络处理能力的情况下,在用户平面上应该进行拥塞控制,否则将会影响网络的性能。

6. 帧中继的带宽管理

帧中继网络适合为具有大量突发数据(如 LAN)的用户提供服务,因为帧中继实现了带宽资源的动态分配,在某些用户不传送数据时,允许其他用户占用其数据带宽。这样,对于用户来说,要得到高速率、低时延的数据传送服务,当使用帧中继时,需交纳的通信费用将大大低于专线所需费用。网络通过对用户分配带宽来控制参数,对每条虚电路上传送的用户信息进行监视和控制,实施带宽管理,以合理又充分地利用带宽资源。

帧中继网络为每个帧中继用户分配三个带宽控制参数:Bc、Be 和 CIR。同时,每隔 Tc 时间间隔,对虚电路上的数据流量进行监视和控制。

Tc 值是通过计算得到的,Tc = Bc/CIR。

CIR 是网络与用户约定的用户信息传送速率。如果用户以小于等于 CIR 的速率传送信息,正常情况下,应保证这部分信息的传送。Bc 是网络允许用户在 Tc 时间间隔传送的数据量,Be 是网络允许用户在 Tc 时间间隔内传送的超过 Bc 的数据量。

网络对每条虚电路进行带宽控制,如图 6-3 所示,并采用如下策略,在 Tc 内:

- 当用户数据传送量≤Bc 时,继续传送该范围内的帧。
- 当用户数据传送量＞Bc 但≤Bc+Be 时,若网络未发生严重拥塞,则将 Be 范围内传送帧的 DE 比特置"1"后继续传送;若网络发生严重拥塞,便将这些帧丢弃。
- 当 Tc 内的用户数据传送量＞Bc+Be 时,将超过范围的帧丢弃。

举例来说,如果某个用户约定一条 PVC 的 CIR = 128kb/s,Bc = 128kb,Be = 64kb,则 Tc=128k/128kb/s=1s,在这一段时间内,用户可以传送的突发数据量可达到 Bc+Be=192kb,传送数据的平均速率为 192kb/s。正常情况下,Bc 范围内 128k 比特的帧在拥塞情况下,这些帧也会被送达终点用户。Be 范围内的 64k 比特帧,它的 DE 比特位被置为"1",在无拥塞或发生轻微拥塞情况下,这些帧也会被送达终点用户;若发生了严重拥塞,这些帧才会被丢失。如果 CIR 保持不变，Tc 延长到 10 秒，则 Bc 可达 1280kb，Be 可达 640kb，可传送的总的突发数据量达到 1920kb。

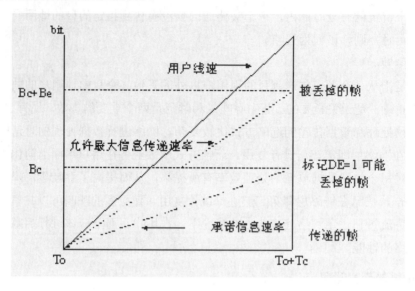

图 6-3　虚电路上的带宽控制

可见，如果网络监控虚电路采用的时间间隔相对长些，将有利于局域网用户传送大量突发数据。一般来说，网络 Tc 采用几个 ms，个别可达 10ms。

帧中继是一种高性能的 WAN 协议，它运行在 OSI 参考模型的物理层和数据链路层。它是一种数据包交流技术，是 X.25 的简化版本。它省略了 X.25 的一些强健功能，如窗口技术和数据重发技术，而是依靠高层协议提供纠错功能，这是因为帧中继工作在更好的 WAN 设备上，这些设备较之 X.25 的 WAN 设备具有更可靠的连接服务和更高的可靠性，它严格地对应于 OSI 参考模型的最低二层，而 X.25 还提供第三层的服务，所以，帧中继比 X.25 具有更高的性能和更有效的传输效率。

帧中继广域网的设备分为数据终端设备(DTE)和数据电路终端设备(DCE)，Cisco 路由器作为 DTE 设备。

帧中继技术提供面向连接的数据链路层的通信，在每对设备之间都存在一条定义好的通信链路，且该链路有一个链路识别码。这种服务通过帧中继虚电路来实现，每个帧中继虚电路都以数据链路识别码(DLCI)标识自己。DLCI 的值一般由帧中继服务提供商指定。帧中继既支持 PVC，也支持 SVC。

帧中继本地管理接口(LMI)是对基本的帧中继标准的扩展。它是路由器和帧中继交换机之间的信令标准，提供帧中继管理机制。它提供了许多管理复杂互联网络的特性，其中包括全局寻址、虚电路状态消息和多目发送等功能。

与之相关的端口设置如下。

设置 Frame Relay 封装：

```
encapsulation frame-relay
```

设置 Frame Relay LMI 类型：

```
frame-relay lmi-type {ansi | cisco | q933a}2
```

设置子接口：

```
interface interface-type interface-number.subinterface-number
[multipoint|point-to-point]
```

映射协议地址与 DLCI：

```
frame-relay map protocol protocol-address dlci [broadcast]3
```

设置 FR DLCI 编号：

```
frame-relay interface-dlci dlci [broadcast]
```

6.2　情境训练：构建虚拟的广域网链路

如图 6-4 所示为一个经路由器连接的广域网通过认证连接后再接入一个帧中继网络，请完成以下任务。

按拓扑图正确进行连接。

自行设计各端口的 IP 地址和掩码，正确完成各种基本配置。

通过配置，确保全网各部分的正常通信(可以尝试静态路由、RIP 协议和 OSPF 协议)。

在两台路由器上开启 PAP 认证，并验证认证的使用情况。

删除 PAP 认证，改为配置 CHAP 认证，验证 CHAP 认证的工作情况。

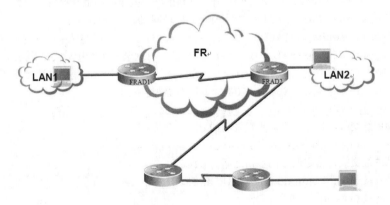

图 6-4　广域网工作任务拓扑

重点提示： 本项目的学习和理解重点是局域网络在广域网支路上的接入问题。

本次配置时，要特别注意路由信息与帧中继链路在配置过程中的配合问题，否则网络不能实现全网连通。

6.3 知 识 拓 展

穿越帧中继链路寻找邻居。OSPF 的路由信息是通过泛洪的方法传递的,如何在帧中继这种不支持广播的网络中传输路由信息,形成网络 OSPF 路由协议正常工作的局面,请看下面的例子,如图 6-5 所示。

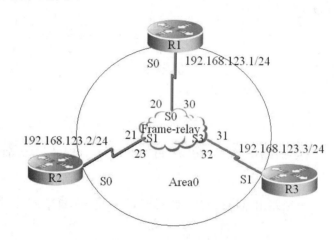

图 6-5 在不支持广播的网络中配置 OSPF

(1) 基本配置:

```
Red-Giant>enable
Red-Giant(config)#hostname FR
FR(config)#frame-relay switching    !路由器模拟成帧中继交换机
FR(config)#interface serial 0    !进入广域网接口 serial 0
FR(config-if)#encapsulation frame-relay ietf    !封装帧中继并封装其格式为 ietf
FR(config-if)#frame-relay intf-type dce    !封装帧中继接口类型为 dce
FR(config-if)#frame-relay lmi-ty ansi    !定义帧中继本地接口管理类型
FR(config-if)#clock rate 64000    !定义时钟速率
FR(config-if)#fram route 20 interface serial 1 21
   !设定帧中继交换,指定两个同步口之间的 dlci 互换
FR(config-if)#fram route 30 interface serial 3 31
   !设定帧中继交换,指定两个同步口之间的 dlci 互换
FR(config-if)#no shutdown    !启用该接口
FR(config-if)#end
FR(config)#interface serial 1
FR(config-if)#encapsulation frame-relay ietf
FR(config-if)#frame-relay intf-type dce
FR(config-if)#frame-relay lmi-ty ansi
FR(config-if)#clock rate 64000
```

```
FR(config-if)#frame-relay route 21 interface serial 0 20
FR(config-if)#frame-relay route 23 interface serial 3 32
FR(config-if)#no shutdown
FR(config-if)#end
FR(config)#conf t
FR(config)#interface serial 3
FR(config-if)#encapsulation frame-relay ietf
FR(config-if)#frame-relay intf-type dce
FR(config-if)#frame-relay lmi-type ansi
FR(config-if)#clock rate 64000
FR(config-if)#frame-relay route 31 interface serial 0 30
FR(config-if)#frame-relay route 32 interface serial 1 23
R1#conf t
R1(config)#interface s0
R1(config-if)#encapsulation frame-relay ietf
R1(config-if)#no frame-relay inverse-arp
R1(config-if)#frame-relay lmi-ty ansi
R1(config-if)#ip add 192.168.123.1 255.255.255.0
R1(config-if)#fram map ip 192.168.123.2 20
R1(config-if)#fram map ip 192.168.123.3 30
R1(config-if)#no shutdown
R2#conf t
R2(config)#interface s0
R2(config-if)#encapsulation frame-relay ietf
R2(config-if)#no frame-relay inverse-arp
R2(config-if)#frame-relay lmi-ty ansi
R2(config-if)#ip add 192.168.123.2 255.255.255.0
R2(config-if)#fram map ip 192.168.123.1 21
R2(config-if)#fram map ip 192.168.123.3 23
R2(config-if)#no shutdown
R3#conf t
R3(config)#interface s0
R3(config-if)#encapsulation frame-relay ietf
R3(config-if)#no frame-relay inverse-arp
R3(config-if)#frame-relay lmi-ty ansi
R3(config-if)#ip add 192.168.123.3 255.255.255.0
R3(config-if)#fram map ip 192.168.123.1 31
R3(config-if)#fram map ip 192.168.123.3 32
R3(config-if)#no shutdown
```

(2) 配置 OSPF 路由协议，实现 NBMA 网络中的 OSPF 全互联：

```
R1(config)#router ospf 1
R1(config-router)#network 192.168.123.0 0.0.0.255 area 0
R1(config-router)#neighbour 192.168.123.2 priority 50  !指定邻居并推举 BDR
```

```
R1(config-router)# neighbour 192.168.123.3 priority 100 !指定邻居并推举 DROTHER
R1(config)#interface serial 0
R1(config-if)#ip ospf network non-broadcast !指定网络类型为 NBMA
R1(config-if)#ip ospf priority 10  !可选配置,定义优先级别竞选 DR
R2(config-router)#network 192.168.123.0 0.0.0.255 area 0
R2(config-router)#neighbour 192.168.123.1
R2(config-router)# neighbour 192168.123.3
R2(config)#interface s0
R2(config-if)#ip ospf network non-broadcast !指定网络类型为 NBMA
R2(config-if)#ip ospf priority 5 !可选配置,定义优先级别竞选 BDR
R3(config-router)#network 192.168.123.0 0.0.0.255 area 0
R3(config-router)#neighbour 192.168.123.1
R3(config-router)# neighbour 192168.123.2
R2(config)#interface serial1
R2(config-if)#ip ospf network non-broadcast
```

```
!配置结果的查验
R1#show ip ospf neighbour
Neighbor ID    Pri   State         Dead Time   Address        Interface
192.168.123.3  1   FULL/DROTHER  00:01:42   192.168.123.3   Serial0
192.168.123.2  1   FULL/BDR      00:01:43   192.168.123.2   Serial0


R2# show ip ospf neighbour
Neighbor ID    Pri   State         Dead Time   Address        Interface
192.168.123.3   1    FULL/DROTHER 00:01:05   192.168.123.3   Serial0
192.168.123.1  10    FULL/DR      00:01:42   192.168.123.1   Serial0


R3# show ip ospf neighbour
Neighbor ID    Pri    State        Dead Time   Address        Interface
192.168.123.2   5    FULL/BDR   00:01:56    192.168.123.2   Serial1
192.168.123.1  10    FULL/DR    00:01:54    192.168.123.1   Serial1
```

6.4 操 作 练 习

操作与练习 6-1 广域网端口协议封装

① 查看广域网接口默认的封装类型:

```
Router1#show interface serial 1/2
```

② 查看广域网接口支持的封装类型:

```
RouterA(config)#interface serial 1/2
RouterA(config-if)#encapsulation ?  !encapsulation是封装数据链路层协议的命令
```

③ 更改广域网接口的封装类型。

```
!PPP 封装
RouterA(config)#interface serial 1/2
RouterA(config-if)#encapsulation ppp        !将协议封装为PPP
RouterA(config-if)#end
RouterA#show interface serial 1/2           !查看接口的封装协议
!Frame-Relay 封装
RouterA(config)#interface serial 1/2                !运行 serial 1/2
RouterA(config-if)#encapsulation frame-relay    !将接口协议封装为帧中继
RouterA(config-if)#end
RouterA#show interface serial 1/2           !查看接口的封装协议
!X.25 封装
RouterA(config)#interface serial 1/2        !运行 serial1/2
RouterA(config-if)#encapsulation X25        !将接口协议封装为X.25
RouterA(config-if)#end
RouterA#show interface serial 1/2
```

【注意事项】

封装广域网协议时，要求 V.35 线缆的两个端口封装协议一致，否则无法建立链路。

操作与练习 6-2   PPP PAP 认证配置

① 基本配置：

```
Ra(config)#int fa 1/2
Ra(config-if)#ip add 1.1.1.1 255.255.255.0
Ra(config)#no sh
Rb(config)#int se 1/2
Rb(config-if)#ip add 1.1.1.2 255.255.255.0
Rb(config-if)#clo r 64000
Rb(config-if)#
Rb(config-if)#no sh
!验证配置：(略)
Ra(config-if)#show int fa 1/2
```

② 配置 PPP PAP 认证：

```
!被验证方的配置
(略)
!验证方的配置
(略)
!验证测试
(略)
```

【注意事项】

① 在 DCE 端要配置时钟。

② Rb(config)#username Ra password 0 star：在 username 后面的参数是对方的主机名。

③ 在接口下封装 PPP。

④ Debug ppp authentication 在路由器物理层 up 链路尚未建立的情况下打开才有信息输出，本实验的实质是链路层协商建立的安全性，该信息出现在链路协商的过程中。

操作与练习 6-3　PPP CHAP 认证配置

① 基本配置：

```
Ra(config)#int se 1/2
Ra(config-if)#ip ad 1.1.1.1 255.255.255.0
Ra(config-if)#no sh
Rb(config-if)#int se 1/2
Rb(config-if)#ip ad 1.1.1.2 255.255.255.0
\ Rb(config-if)#clo r 64000
Rb(config-if)#no sh
!验证测试：以(Ra 为例)
Ra(config-if)#show int se 1/2
```

② 配置 PPP CHAP 认证：

```
Ra(config)#username Rb password 0 star
Ra(config)#int   se  1/2
Ra(config-if)#encapsulation chap
Rb(config)# username Ra password 0 star
Rb(config)#int   se  1/2
Rb(config-if)#encapsulation  ppp
!验证测试
Ra#debug ppp authentication
```

【注意事项】

① 在 DCE 端要配置时钟。

② Rb(config)#username Ra password 0 star：username 后面的参数是对方的主机名。

③ Rb(config)#username Rb password 0 star：username 后面的参数是对方的主机名。

④ 在接口下封装 PPP。

⑤ Debug ppp authentication：在路由器物理层 up 链路尚未建立的情况下打开才有信息输出，本实验的实质是链路层协商建立的安全性，该信息出现在链路协商的过程中。

操作与练习 6-4　帧中继配置

① 基本配置，配置帧中继交换机：

```
Red-Giant>enable
Red-Giant(config)#hostname FR
FR(config)#frame-relay switching        !路由器模拟成帧中继交换机
FR(config)#interface serial 0           !进入广域网接口 serial 0
```

```
FR(config-if)#encapsulation frame-relay ietf    !封装帧中继并封装其格式为 ietf
FR(config-if)#frame-relay intf-type dce              !封装帧中继接口类型为 dce
FR(config-if)#frame-relay lmi-ty ansi               !定义帧中继本地接口管理类型
FR(config-if)#clock rate 64000                !定义时钟速率
FR(config-if)#fram route 20 interface serial 1 21
  !设定帧中继交换，指定两个同步口之间的 dlci 互换
FR(config-if)#fram route 30 interface serial 3 31
  !设定帧中继交换，指定两个同步口之间的 dlci 互换
FR(config-if)#no sh          !启用该接口
FR(config-if)#end
FR(config)#int serial 1
FR(config-if)#encapsulation frame-relay ietf
FR(config-if)#frame-relay intf-type dce
FR(config-if)#frame-relay lmi-ty ansi
FR(config-if)#clock rate 64000
FR(config-if)#frame-relay route 21 interface serial 0 20
FR(config-if)#frame-relay route 23 interface serial 3 32
FR(config-if)#no shutdown
FR(config-if)#end
FR(config)#configure terminal
FR(config)#interface serial 3
FR(config-if)#encapsulation frame-relay ietf
FR(config-if)#frame-relay intf-type dce
FR(config-if)#frame-relay lmi-type ansi
FR(config-if)#clock rate 64000
FR(config-if)#frame-relay route 31 interface serial 0 30
FR(config-if)#frame-relay route 32 interface serial 1 23
!查看配置结果
FR#show frame-relay route
```

Input Intf	Input Dlci	Output Intf	Output Dlci	Status
Serial0	20	Serial1	21	inactive
Serial0	30	Serial3	31	inactive
Serial1	21	Serial0	20	inactive
Serial1	23	Serial3	32	inactive
Serial3	31	Serial0	30	inactive
Serial3	32	Serial1	23	inactive

② 帧中继 Frame-Relay 静态映射：

```
R1#configure terminal
R1(config)#interface serial 0
R1(config-if)#ip address 192.168.123.1 255.255.255.0
R1(config-if)#encapsulation frame-relay ietf    !封装帧中继并封装其格式为 ietf
R1(config-if)#no frame-relay inverse-arp
  !禁止帧中继特定的协议 dlci 使用反向 ARP，禁止动态学习地址和 DLCI 之间的映射
R1(config-if)#frame-relay lmi-type ansi    !定义帧中继本地接口管理类型
```

```
R1(config-if)#frame-relay map ip 192.168.123.2 20      !建立帧中继静态地址映射
R1(config-if)#frame-relay map ip 192.168.123.3 30      !建立帧中继静态地址映射
R1(config-if)# no shutdown
R1(config-if)#end
Red-Giant(config)#hostname R2
R2(config)#interface serial 0
R2(config-if)#ip address 192.168.123.2 255.255.255.0
R2(config-if)#encapsulation frame-relay ietf
R2(config-if)#no frame-relay inverse-arp      !禁止动态学习地址和 DLCI 之间的映射
R2(config-if)#frame-relay lmi-type ansi
R2(config-if)#frame-relay map ip 192.168.123.1 21
R2(config-if)#frame-relay map ip 192.168.123.3 23
R2(config-if)#no shutdown
R2(config-if)#end

Red-Giant(config)#hostname R3
R3(config)#interface serial 0
R3(config-if)# ip address 192.168.123.3 255.255.255.0
R3(config-if)# encapsulation frame-relay ietf
R3(config-if)# frame-relay lmi-ty ansi
R3(config-if)# no frame-relay inverse-arp         !禁止动态学习地址和 DLCI 之间的映射
R3(config-if)#fram map ip 192.168.123.1 31
R3(config-if)#fram map ip 192.168.123.2 32
R3(config-if)#no shutdown
!查看配置结果
R3#show frame-relay map
Serial1 (up): ip 192.168.123.1 dlci 31(0x1F,0x4F0), static,
              IETF, status defined, active
Serial1 (up): ip 192.168.123.2 dlci 32(0x20,0x800), static,
IETF, status defined, active
R2#sh frame-relay map
Serial0 (up): ip 192.168.123.1 dlci 21(0x15,0x450), static,
 IETF, status defined, active
Serial0 (up): ip 192.168.123.3 dlci 23(0x17,0x470), static,
IETF, status defined, active
R1#show frame-relay map
Serial0 (up): ip 192.168.123.2 dlci 20(0x14,0x440), static,
              IETF, status defined, active
Serial0 (up): ip 192.168.123.3 dlci 30(0x1E,0x4E0), static,
IETF, status defined, active
FR#sh frame-relay route
Input Intf      Input Dlci      Output Intf     Output Dlci    Status
Serial0         20              Serial1         21             active
Serial0         30              Serial3         31             active
Serial1         21              Serial0         20             active
```

Serial1	23	Serial3	32	active
Serial3	31	Serial0	30	active
Serial3	32	Serial1	23	active

③ 测试各点之间的连通性:

```
R1#ping 192.168.123.2
Type escape sequence to abort.
Sending 5, 100-byte ICMP Echoes to 192.168.123.2, timeout is 2 seconds:
!!!!!
Success rate is 100 percent (5/5), round-trip min/avg/max = 56/56/60 ms
R1#ping 192.168.123.3
Sending 5, 100-byte ICMP Echoes to 192.168.123.3, timeout is 2 seconds:
!!!!!
Success rate is 100 percent (5/5), round-trip min/avg/max = 56/56/60 ms
```

6.5 理 论 练 习

(1) 下列哪些接口用于连接 WAN? (　　)

    A. serial   B. async   C. bri

    D. console   E. aux

(2) HDLC 协议工作在 OSI 七层模型中的(　　)。

    A. 物理层   B. 数据链路层   C. 传输层   D. 会话层

(3) 以下(　　)是包交换协议。

    A. ISDN   B. 帧中继   C. PPP   D. HDLC

(4) PPP 支持(　　)网络层协议。

    A. IP   B. IPX   C. RIP   D. FTP

(5) 下列描述正确的是(　　)。

    A. PAP 协议是两次握手完成验证，存在安全隐患

    B. CHAP 是两次握手完成验证

    C. CHAP 是三次握手完成验证，安全性高于 PAP

    D. PAP 占用的系统资源要小于 CHAP

(6) 配置 PAP 验证客户端的命令有(　　)。

    A. RA(config-if)#encapsultion ppp

    B. RA(config-if)#ppp authentication pap

    C. RA(config-if)#ppp pap sent-username ruijie password 123

    D. RA(config)#username ruijie password 123

(7) 如果线路速度是最重要的要素，将选择(　　)的封装类型。

    A. PPP   B. HDLC   C. 帧中继   D. SLIP

(8) 下列(　　)属于广域网协议。

    A. PPP　　　　　　B. HDLC　　　　　　C. FRAME-RELAY

    D. ISDN　　　　　E. OSPF

(9) 下面的(　　)网络技术适合多媒体通信需求。

    A. X.25　　　　　B. ISDN　　　　　C. 帧中继　　　D. ATM

(10) 无论是 SLIP 还是 PPP 的协议，都是(　　)协议。

    A. 物理层　　　　B. 数据链路层　　　C. 网络层　　　D. 传输层

(11) 当一台计算机发送 E-mail 信息给另外一台计算机时，下列的哪一个过程正确地描述了数据打包的 5 个转换步骤? (　　)

    A. 数据、数据段、数据包、数据帧、比特

    B. 比特、数据帧、数据包、数据段、数据

    C. 数据包、数据段、数据、比特、数据帧

    D. 数据段、数据包、数据帧、比特、数据

(12) 广域网工作在 OSI 参考模型中(　　)。

    A. 物理层和应用层　　　　　　　B. 物理层和数据链路层

    C. 数据链路层和网络层　　　　　D. 数据链路层和表示层

(13) 下列描述正确的是(　　)。

    A. PAP 协议是两次握手完成验证，存在安全隐患

    B. CHAP 是两次握手完成验证

    C. CHAP 是三次握手完成验证，安全性高于 PAP

    D. PAP 占用系统资源要小于 CHAP

(14) 以下(　　)是包交换协议。

    A. ISDN　　　　　B. 帧中继　　　　　C. PPP　　　D. HDLC

(15) 如果线路速度是最重要的要素，将选择(　　)的封装类型。

    A. PPP　　　　　B. HDLC　　　　　C. 帧中继　　　D. SLIP

情境 7　局域网与 Internet 互连

情 境 描 述

局域网和广域网的构建和配置都掌握了，但这并不意味着学习者对一般的网络工程都能胜任和驾驭了，当今由于 IPv6 技术尚未普及，IPv4 地址缺乏的问题仍显得十分严重，怎样才能利用有限的 IP 地址资源高效易用地连接更多的局域网就显得很重要。本单元的情境是要求对用私有 IP 地址搭建的局域网络完成广域网接入。

7.1　知 识 储 备

7.1.1　网络接入中的 NAT 技术

在 Internet 发展的早期，不管人们当时是否打算连接到 Internet 上，业界恳切请求所有用户申请全球唯一网络地址，这种想法是为了在专用网络连接到公用 Internet 时，避免出现问题。随着 Internet 不断以指数级速度增长，一个重要而紧迫的问题出现了——IP 地址空间迅速枯竭，尽管正在出现的 IPv6 被视为 Internet 长期发展的解决方案，但是，在过去的几年中，还提出了一些短期的解决方案，其中一项重要的技术就是 NAT。NAT 技术的出现，使人们对 IP 地址枯竭的恐慌得到了极大的缓解，在一定程度上延缓了 IPv6 技术在网络中的发展和推广速度。

1. 网络中的私有地址

私有地址(Private Address)属于非注册地址，专门为组织机构内部使用。

以下列出留用的内部寻址地址。

- A 类：10.0.0.0 ~ 10.255.255.255。
- B 类：172.16.0.0 ~ 172.31.255.255。
- C 类：192.168.0.0 ~ 192.168.255.255。

1) A 类地址

(1) A 类地址第 1 字节为网络地址，其他 3 个字节为主机地址。另外，第 1 个字节的最高位固定为 0。

(2) A 类地址范围：1.0.0.1 ~ 126.155.255.254。

(3) A 类地址中的私有地址和保留地址。

① 10.0.0.0～10.255.255.255 是私有地址(所谓的私有地址，就是在互联网上不使用，而被用在局域网络中的地址)。

② 127.0.0.0～127.255.255.255 是保留地址，用作循环测试。

2) B 类地址

(1) B 类地址第 1 字节和第 2 字节为网络地址，其他两个字节为主机地址。另外，第 1 个字节的前两位固定为 10。

(2) B 类地址范围：128.0.0.1～191.255.255.254。

(3) B 类地址的私有地址和保留地址。

① 172.16.0.0～172.31.255.255 是私有地址。

② 169.254.0.0～169.254.255.255 是保留地址。如果你的 IP 地址是自动获取的，而你在网络上又没有找到可用的 DHCP 服务器，这时，你将会从 169.254.0.0~169.254.255.255 中临时获得一个 IP 地址。

3) C 类地址

(1) C 类地址第 1 字节、第 2 字节和第 3 个字节为网络地址，第 4 个字节为主机地址。另外，第 1 个字节的前三位固定为 110。

(2) C 类地址范围：192.0.0.1～223.255.255.254。

(3) C 类地址中的私有地址：192.168.0.0～192.168.255.255 是私有地址。

2. NAT 技术的概念和用途

在 RFC1631 中对 NAT 进行了描述。与无类别域间路由(CIDR)一样，NAT 最初的目的也是通过允许较少的共用 IP 地址代表多数的专有 IP 地址来减缓 IP 地址空间枯竭的速度。在 RFC3022 中描述的 IP 地址转换操作扩展了 RFC1631 介绍的地址转换和包括了一类的网络地址和 TCP/UDP 端口转换。

下面借助图 7-1 来介绍 NAT 简单的功能和该技术中需要掌握的概念。

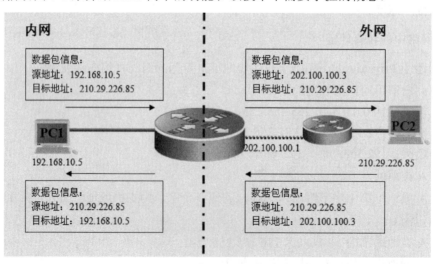

图 7-1　NAT 转换示意

高职高专立体化教材　计算机系列

图 7-1 描述了 NAT 技术在网络中的简单实现。PCI 具有一个是私有地址 192.168.10.5，这个地址在互联网上是不被传输的，当 PCI 要访问远程主机 PC2 的时候，数据包要通过一个运行 NAT 技术的路由器。

路由器把 PCI 的私有地址转换成一个在互联网上传输的公有地址 202.100.100.3，然后把数据包转发出去。当 PC2 应答 PC1 的时候，PC2 数据包中的目标地址是 202.100.100.3，当通过路由器接收到 PC2 的目标地址是 202.100.100.3 的数据包时，路由器会把数据包的目的地址转换成 PC1 的私有地址，完成 PC1 和 PC2 的通信。

在上面的例子中，对于 PC1 来讲，本身是不知道 202.100.100.3 这个公有地址的；对于 PC2 来讲，认为是与 202.100.100.3 这个地址的主机进行通信，并不知道 PCI 的真实地址。所以 NAT 技术对于网络上的终端用户是"隐身"的。

下面的例子描述了 NAT 技术的双向性，如图 7-2 所示。

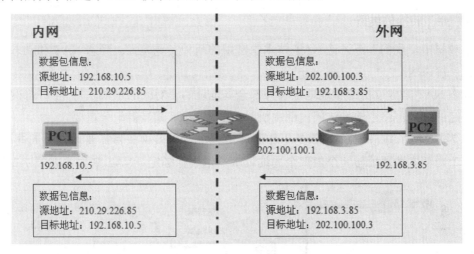

图 7-2　双向 NAT 转换示意

在上面这个例子中，PC1 的地址被转化成 202.100.100.3，PC2 的地址被转换成 210.29.226.85。PC1 认为 PC2 的地址是 210.29.226.85，所以发往 PC2 的数据包的目标地址是 210.29.226.85。其实，PC1 和 PC2 真实的地址分别是 192.168.10.5 和 192.168.3.85。

NAT 技术把地址分成两大部分，即内部地址和外部地址。

内部地址分为内部本地(Inside Local，IL)地址和内部全局(Inside Global，IG)地址，外部地址分为外部本地(Outside Local，OL)地址和外部全局(Outside Global，OG)地址。这 4 个概念清楚地阐明了代表相同主机的不同地址在 NAT 技术中所处的位置。

> **注意：** 这 4 个概念相对于网络中某台主机而言。因主机处于不同的网络中时，NAT 可以解释为不同的地址。

表 7-1 给出了图 7-2 中涉及的各种术语的定义。

在上面的例子中，以 PC1 为例，192.168.10.5 是内部本地地址，202.100.100.3 是内部全局地址，210.29.226.85 是外部本地地址，192.168.3.85 是外部全局地址。

表 7-1　NAT 术语

术　语	定　义
内部本地 IP 地址	分配给内部网络中的主机的 IP 地址，通常这种地址来自 RFC1918 指定的私有地址空间
内部全局 IP 地址	内部全局 IP 地址对外代表一个或多个内部本地 IP 地址，通常，这种地址来自全局唯一的地址空间，通常是 ISP 提供的
外部全局 IP 地址	外部网络中的主机的 IP 地址，通常来自全局可路由的地址空间
外部本地 IP 地址	在内部网络中看到的外部主机的 IP 地址，通常来自 RFC1918 定义的私有地址空间
简单转换条目	将一个 IP 地址映射到另一个 IP 地址(通常被称为网络地址转换)的转换条目
扩展转换条目	将一个 IP 地址和端口对映射到另一个 IP 地址和端口(通常被称为端口地址转换)对的转换条目

3. NAT 转换的类型

本教材中，我们重点讨论 NAT 技术中常用的两种实现模式：静态 NAT 和动态 NAT。

1) 静态 NAT

静态 NAT 是建立内部本地地址和外部全局地址的一对一的永久映射。当外部网络需要通过固定的全局可路由地址访问内部主机时，静态 NAT 就显得十分重要。

图 7-3 说明了静态 NAT 转换的工作原理。静态 NAT 转换条目需要预先手工进行创建，即把一个内部本地地址与一个内部全局地址唯一地进行绑定。NAT 映射表如表 7-2 所示。

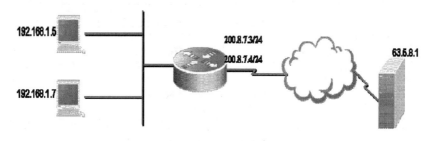

图 7-3　静态 NAT 转换

表 7-2　NAT 映射表

内部本地地址	内部全局地址
192.168.1.5	200.8.7.3
192.168.1.7	200.8.7.4

图 7-3 中，当内部网络一台主机访问外部网络资源时，详细过程描述如下。

(1) 内部主机 192.168.1.5 发起一个到外部主机 63.5.8.1 的连接。

(2) 当路由器接收到以 192.168.1.5 为源地址的第一个数据包时，引起路由器检查 NAT 映射表。

(3) 路由器用 192.168.1.5 对应的 NAT 转换记录中的全局地址，替换数据包源地址，经过转换后，数据包的源地址变为 200.8.7.3，然后转发该数据包。

(4) 63.5.8.1 主机接收到数据包后，将向 200.8.7.3 发送响应包。

(5) 当路由器接收到内部全局地址的数据包时，将以内部全局地址 200.8.7.3 为关键字查找 NAT 记录表，将数据包的目的地址转换成 192.168.1.5 并发送给 192.168.1.5。

(6) 192.168.1.5 接收到应答包，并继续保持会话。第 1 步到第 5 步将一直重复，直到会话结束。

2) 动态 NAT

动态 NAT 是建立内部本地地址和内部全局地址池的临时对应关系，如果经过一段时间，内部本地地址没有向外请求后者的数据流，该对应关系将被删除。

如图 7-4 所示，当内部网络一台主机访问外部网络资源时，详细过程描述如下。

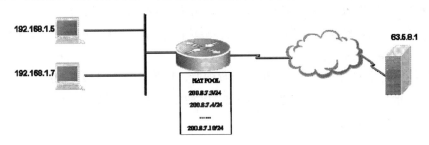

图 7-4 动态 NAT 转换

(1) 内部主机 192.168.1.5 发起一个到外部主机 63.5.8.1 的连接。

(2) 当路由器接收到以 192.168.1.5 为源地址的第一个数据包时，发现需要将该报文的源地址进行转换，并从地址池中选择一个未被使用的全局地址 200.8.7.3 用于转换。

(3) 路由器将内部本地地址 192.168.1.5 转换成内部全局地址 200.8.7.4，然后转发报文，并创建一条动态的 NAT 转换表项。

(4) 63.5.8.1 主机接收到数据包后，将向 200.8.7.4 发送响应包。

(5) 当路由器接收到内部全局地址的数据包时，将以内部全局地址 200.8.7.4 为关键字查找 NAT 转换表，将数据包的目的地址转换成 192.168.1.5 并发送给 192.168.1.5。

(6) 192.168.1.5 接收到应答包，并继续保持会话。第 1 步到第 5 步将一直重复，直到会话结束。

3) NAPT 网络地址端口转换

NAPT 则是把内部地址映射到外部网络的一个 IP 地址的不同端口上。网络地址端口转换(Network Address Port Translation，NAPT)是人们比较熟悉的一种转换方式。例如：

内部本地地址：端口	内部全局地址：端口	外部全局地址：端口
192.168.1.5:1136	200.8.7.3:1136	63.5.8.1:80
192.168.1.7:1024	200.8.7.3:1024	63.5.8.1:80

图 7-5 反映了内部源地址 NAPT 的整个映射过程。

图 7-5　NAPT 地址转换

下面详细描述了内部网络 NAPT 的整个过程。

(1)　内部主机 192.168.1.5 发起一个到外部主机 63.5.8.1 的连接。

(2)　当路由器接收到以 192.168.1.5 为源地址的第一个数据包时，使用外部接口的全局地址将报文源地址转换为 200.8.7.3，同时将源地址端口转换为 1136 并创建动态转换表项。

(3)　内部主机 192.168.1.7 发起一个到外部主机的连接。路由器收到报文后，使用外部全局地址，将报文的源地址转换为 200.8.7.3，同时将源端口转换为与先前不同的一个端口号 1024，并创建动态转换表项。

(4)　当路由器接收到外部全局地址的数据包时，将以内部全局地址 200.8.7.3 及其端口号、内部全局地址及其端口号为关键字查找动态转换表项，将数据包的目的地址转换成 192.168.1.5 并转发给 192.168.1.5。

NAPT 普遍应用于接入设备中，可以将中小型的网络隐藏在一个合法的 IP 地址后面。NAPT 与动态地址 NAT 不同，它将内部连接映射到外部网络中的一个单独的 IP 地址上，同时，在该地址上加上一个由 NAT 设备选定的 TCP 端口号。

在 Internet 中使用 NAPT 时，所有不同的 TCP 和 UDP 信息流看起来好像来源于同一个 IP 地址。这个优点在小型办公室内非常实用，通过从 ISP 处申请一个 IP 地址，可以将多个连接通过 NAPT 接入 Internet。

实际上，许多 SOHO 远程访问设备都支持基于 PPP 的动态 IP 地址。这样，ISP 甚至不需要支持 NAPT，就可以做到多个内部 IP 地址共用一个外部 IP 地址上 Internet，虽然这样会导致一定的信道拥塞，但考虑到节省 ISP 上网的费用和有管理上的特点，用 NAPT 还是很值得的。

知识库：静态 NAPT 与动态 NAPT 的区别

静态 NAPT：

需要向外网络提供信息服务的主机。

永久的一对一"IP 地址 + 端口"映射关系。

动态 NAPT：

只访问外网服务，不提供信息服务的主机。

临时的一对一"IP 地址 + 端口"映射关系。

4．常规 NAT 操作

NAT 设备后面的客户端通常通过 DHCP(动态主机配置协议)分配到专用的 IP 地址，或者由管理员进行静态配置。在该专用网络的外面进行通信时，通常会发生下列事情。

当客户机上的应用程序与服务器通信时，它将打开与源 IP 地址、源端口、目标 IP 地址、目标端口及网络协议相关联的套接字，这样可以识别通信所需的两个端口点。

当应用程序利用该套接字传输信息时，客户机的专用 IP 地址(源 IP 地址)和端口(源端口)将被插入数据包的源字段中。数据包的目标字段将包含服务器的 IP 地址(远程主机—目标 IP 地址)和端口。

由于该数据包的目的地是该专用网络之外的某个位置，因此，客户机将把该数据包转发给默认的网关。这种情况下的默认网关就是 NAT 设备。

7.1.2 配置 NAT

1. NAT

下面用一个例子来说明 NAT 的基本配置方法，通过基本配置命令，可以对 NAT 功能有一个明晰的认识。

假设某公司有 FTP 服务器可以为外部用户提供服务，但是该服务器处在公司的内网中，一则通过公司访问不到该服务器，二来，该公司也不想让外界获悉本地网络结构，所以采用一个公网地址和一个私有地址映射的办法，来实验外网与内网用户都能对该服务器进行访问。

在特权模式下，通过如下步骤，可以完成 NAT 的基本配置。

1) 静态 NAT 配置

(1) configure terminal：进入全局模式。

(2) interface fastethernet 1/0：进入接连内网的快速以太网接口(根据网络的实际情况来确定连接内网的接口)。

(3) ip nat inside 将该接口定义为内部接口。

(4) interface serial 1/2：进入连接外网的同步串口(根据网络的实际情况来确定连接外网的接口)。

(5) ip nat outside：将该接口定义为外部接口。

(6) ip nat inside source 192.168.1.2 192.1.1.3：这一操作将服务器的原本的私有地址 192.168.1.2 与一个公网地址 192.1.1.3 映射起来，该服务器被外界用户访问时，外界用户将访问 192.1.1.3 这个公网地址，而不知道该服务器的真正内网地址。

2) 动态 NAT 配置

动态 NAT 的配置与静态配置时是一样的，再往下就有所区别了，具体配置如下。

(1) 配置访问控制列表。定义内部网络可以被转换的地址段，哪些可以访问外网的信息，哪些不可以访问外网信息。具体操作和访问控制列表的定义方法是一样的，Permit 定义的部分是允许访问外网的地址段；Deny 定义的是不可访问外网的地址段。

(2) 定义地址池。定义作为本地全局地址的地址范围，定义方式为 ip nat pool web_

server 210.29.229.253 210.29.229.254 netmask 255.255.255.0，规定数据出访时换成 210.29.229.253 210.29.229.254 地址中的一个。

(3) 定义映射关系。将能访问外网的网段和访问外网时所用的地址池建立对应关系。ip nat inside source list Number pool POOLNAME，其中 Number 是访问列表的编号，定义具体起作用的列表号；POOLNAME 是应用所定义的地址池号，例如 web_server。

2. 使用 NAT 的注意事项

采用 NAT 后，一个最主要的改变就是失去了端对端 IP 的 Traceability(跟踪)，也就是说，从此不能再经过 NAT 使用 Ping 和 Traceroute，其次就是一些 IP 对 IP 的程序不再可以正常运行，不易被观察到的缺点就是增加了网络延迟。

NAT 可以支持大部分 IP 协议，但有几个协议需要注意，首先 TFTP、RLOGIN、RSH、RCP 和 IP、Multicast 都被 NAT 支持，其次就是 BOOTP、SNMP 和路由表更新全部被拒绝。

NAT 技术使得 NAT 设备维护一个地址转换表，用来把私有的 IP 地址映射到合法的 IP 地址上去。每个数据包的地址在 NAT 设备中都被翻译成正确的 IP 地址，这样一来，解决了 IP 地址衰竭的问题，但是，同时带来了安全隐患和路由更新的问题。NAT 技术只是 IPv4 向 IPv6 过渡时期的临时解决方案，NAT 技术带来的问题是业内的普遍问题，这些问题必将被 IPv6 的发展与普及最终解决。

3. NAPT 的配置

由于 NAT 实现是私有 IP 和 NAT 的公共 IP 之间的转换，因此，私有网中同时与公共网进行通信的主机数量就受到 NAT 的公共 IP 地址数量的限制。为了克服这种限制，NAT 被进一步扩展到在进行 IP 地址转换的同时进行 Port 的转换，这就是网络地址端口转换(Network Address Port Translation，NAPT)技术。

NAPT 与 NAT 的区别在于 NAPT 不仅转换 IP 包中的 IP 地址，还对包中 TCP 和 UDP 的 Port 进行转换，这使得多台私有网主机利用 1 个 NAT 公共 IP 就可以同时与公共网进行通信。

如图 7-6 所示，私有网主机 192.168.1.2 要访问公共网中的 HTTP 服务器 166.111.80.200。首先，要建立 TCP 连接，假设分配的 TCP Port 是 1010，发送了 1 个 IP 包(Des=166.111.80.200:80，Src=192.168.1.2:1010)，当 IP 包经过 NAT 网关时，NAT 会将 IP 包的源 IP 转换为 NAT 的公共 IP，同时，将源 Port 转换为 NAT 动态分配的 1 个 Port。然后，转发到公共网，此时 IP 包(Des=166.111.80.200:80，Src=202.204.65.2:2010)已经不含任何私有网 IP 和 Port 的信息。由于 IP 包的源 IP 和 Port 已经被转换成 NAT 的公共 IP 和 Port，响应的 IP 包(Des=202.204.65.2:2010，Src=166.111.80.200:80)将被发送到 NAT。这时 NAT 会将 IP 包的目的 IP 转换成私有网主机的 IP，同时，将目的 Port 转换为私有网主机的 Port，然后将 IP 包(Des=192.168.1.2:1010，Src=166.111.80.200:80)转发到私网。对于通信双方而言，这种 IP 地址和 Port 的转换是完全隐身的。

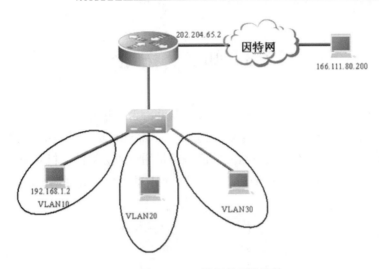

图 7-6 采用 NAPT 配置的网络拓扑

7.2 情境训练：在局域网中使用私有 IP 地址

如图 7-7 所示建立一个自己的网络系统，要求 VLAN10、VLAN20 两个网络可以访问外网，VLAN30 不可以；服务器 192.168.10.200 是一个重要的服务器，只能由 VLAN30 的用户专门访问，其他计算机终端不可访问。

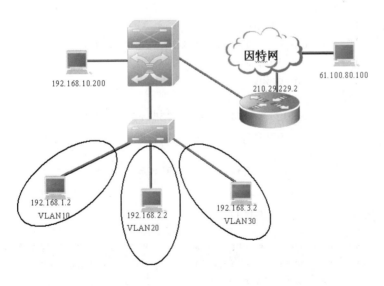

图 7-7 局域网中使用私有地址的网络拓扑

7.3 知 识 拓 展

如图 7-8 所示，某集团公司的高级网络管理员，接到分公司员工反映的一个情况，他要访问公司的文件服务器，却无法实现。通过查询，获知该员工的内部 IP 地址与公司的文件服务器的 IP 地址一样，而员工访问文件服务器是通过服务器的主机名访问的，员工并不知道此情况，因为大部分员工使用正常，所以不能改动文件服务器的地址，如何解决？

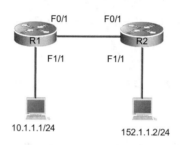

图 7-8 重叠地址转换

(1) 基本配置：

```
R1(config)#interface F0/1
R1 (config-if)#ip address  195.1.1.4 255.255.255.0
R1(config-if)#ip nat outside
R1(config-if)#no shutdown
R1(config)#interface F1/1
R1(config-if)#ip address  10.1.1.5 255.255.255.0
R1(config-if)#ip nat inside
R1(config-if)#no shutdown
R2(config)#interface F1/1
R2 (config-if)#ip address 152.1.1.1  255.255.255.0
R2(config-if)#no shutdown
R2(config)#interface F0/1
R2(config-if)#ip address  195.1.1.4 255.255.255.0
R2(config-if)#no shutdown
```

(2) 定义地址池及允许转换的地址：

```
R1(config)#ip nat pool to_ftp 195.1.1.1 195.1.1.3 netmask 255.255.255.0
R1(config)#ip nat inside source list 1 pool to _ftp overload
R1(config)#ip nat outside source static 10.1.1.1 2.2.2.2
    !定义从外部全局地址到外部本地地址的映射
R1#access-list 1 permit 10.1.1.1
```

(3) 添加路由：

```
R1(config)#ip route 152.1.1.1 255.255.255.0 f0/1
```

(4) 验证测试：通过 show ip nat translations 命令查看转换。

7.4　操 作 练 习

操作与练习 7-1　防火墙 NAT 配置

① 在路由器上配置接口 IP 地址：

```
Red-Giant(config)#interface fastEthernet 1/0
Red-Giant(config-if)#ip address 202.102.13.2 255.255.255.0
Red-Giant(config-if)#no shutdown
Red-Giant(config-if)#exit
Red-Giant(config)#interface fastEthernet 1/1
Red-Giant(config-if)#ip address 210.0.0.2 255.255.255.0
Red-Giant(config-if)#no shutdown
```

② 在防火墙上配置网卡。

在主菜单中选择"系统"→"网卡"命令。

选择"给区域分配网卡"，在其中有外网与内网的网卡。

给内外接口分配 IP 地址和子网掩码。

③ 在防火墙上设置规则。

在主菜单中选择"策略"→"规则"命令。

选择"编辑"→"插入规则"。

选择后确定并应用。

④ 在防火墙上配置 PAT。

在主菜单中选择 NAT，在出现的窗口中，在 PAT 项下选择启用 PAT，配置"网卡"为 ethl，配置 PAT 地址为地址转换用的公网地址 202.102.13.1，配置 source 为源地址 192.168.1.0/24。

【注意事项】

① 防火墙与 PC 机、路由器之间都必须用交叉线连接。

② 安装防火墙时，必须为字符配置方式先做初始配置，如设置管理员账号和 IP。

③ 进入防火墙的图形化界面，必须安装 Java。

④ 配置 PAT 时要用公网地址，也可以使用同一网段的其他地址。

操作与练习 7-2　NAT 配置

① 基本配置：

```
Red-Giant(config)#hostname lan-router
lan-router(config-if)#interface fastEthernet 1/0
lan-router(config-if)#ip address 172.16.1.1  255.255.255.0
lan-router(config-if)#no shutdown
```

```
lan-router(config-if)#exit
lan-router(config)#interface serial 1/2
lan-router(config-if)#ip address 200.1.8.7 255.255.225.0
lan-router(config-if)#no shutdown
lan-router(config-if)#exit
internet-router(config)#interface fastEthernet 1/0
internet-router(config-if)#ip address 63.19.6.1  255.255.255.0
internet-router(config-if)#no shutdown
internet-router(config-if)#exit
internet-router(config)#interface serial 1/2
internet-router(config-if)#ip address 200.1.8.8 255.255.255.0
internet-router(config-if)#clock rate 64000
internet-router(config-if)#no sh
internet-router(config-if)#end
```

```
!在 lan-router 上配置默认路由
lan-router(config)#ip route 0.0.0.0.0.0.0.0 serial 1/2
```

```
!验证测试
Internet-router#ping 200.1.8.7
Type escape sequence to abort.
Sending 5, 100-byte ICMP Echoes to 200.1.8.7,timeout is 2 seconds:
!!!!
```

② 配置反向 NAT 映射:

```
lan-router(config-if)#interface fastEthernet 1/0
lan-router(config-if)#ip nat inside
lan-router(config-if)#exit
lan-router (config)#interface serial 1/2
lan-router(config-if)#ip nat outside
lan-router(config-if)#exit
lan-router(config)#ip nat pool web_server172.16.8.5 172.16.8.5
netmask 255.255.255.0
lan-router (config)#access-list 3 permit host 200.1.8.7
lan-router (config)#ip nat inside destination list 3 poll web_server
lan-router (config0#ip nat inside source static tcp 172.16.8.5 80 200.1.8.7
```

③ 验证测试。

在内网主机上配置 Web 服务(详见选修实验内容)。

在外网的一台主机通过 IE 浏览器访问 200.1.8.70。

验证查看:

```
lan-router#show ip nat translations
Pro Inside global      Inside local        Outside local       Outside global
tcp 200.1.8.7:80       172.16.8.5:80       63.19.6.2:1026      63.19.6.2:1026
```

【注意事项】

① 不要把 inside 和 outside 应用的接口弄错。

② 配置目标地址转换后，需要利用静态 NAPT 配置静态的端口地址转换。

操作与练习 7-3 NAPT 配置

① 基本配置：

```
!局域网路由器配置
Red-Giant(config)#hostname lan-router
lan-router(config-if)#interface fastEthernet 1/0
lan-router(config-if)#ip address 172.16.1.1  255.255.255.0
lan-router(config-if)#no shutdown
lan-router(config-if)#exit
lan-router(config)#interface serial 1/2
lan-router(config-if)#ip address 200.1.8.7 255.255.225.0
lan-router(config-if)#no shutdown
lan-router(config-if)#exit
!互联网路由器配置
internet-router(config)#interface fastEthernet 1/0
internet-router(config-if)#ip address 63.19.6.1  255.255.255.0
internet-router(config-if)#no shutdown
internet-router(config-if)#exit
internet-router(config)#interface serial 1/2
internet-router(config-if)#ip address 200.1.8.8 255.255.255.0
internet-router(config-if)#clock rate 64000
internet-router(config-if)#no sh
internet-router(config-if)#end
!在 lan-router 上配置默认路由
lan-router(config)#ip route 0.0.0.0.0.0.0.0 serial 1/2
!验证测试
Internet-router#ping 200.1.8.7
Type escape sequence to abort.
Sending 5, 100-byte ICMP Echoes to 200.1.8.7,timeout is 2 seconds:
!!!!
```

② 配置动态 NAPT 映射：

```
lan-router(config-if)#interface fastEthernet 1/0
lan-router(config-if)#ip nat inside
lan-router(config-if)#exit
lan-router (config)#interface serial 1/2
lan-router(config-if)#ip nat outside
lan-router(config-if)#exit
lan-router(config)#ip nat pool to_internet 200.1.8.7 200.1.8.7 netmask
255.255.255.0
```

```
lan-router(config)#access-list 10 permit 172.16.1.0 0.0.0.255
lan-router(config)#ip nat inside source list 10 poll to_internet overload
```

③ 验证测试。

在服务器 63.19.6.2 上配置 Web 服务(配置方法详见选修实验)。

在 PC 机上测试访问 63.19.6.2 的网页。

在路由器 lan-router 查看 NAPT 映射关系:

```
lan-router#show ip nat translations
Pro Inside global      Inside local      Outside local      Outside global
tcp 200.1.8.7:2502      172.16.1.55:2502   63.19.6.2:80       63.19.6.2:80
```

【注意事项】

① 不要把 inside 和 outside 应用的接口弄错。

② 要加上能使用数据包向外转发的路由,比如默认路由。

③ 尽量不要用广域网接口地址作为映射的全局地址,本例中特定仅有一个公网地址,实际工作中不推荐。

7.5 理 论 练 习

选择一个最优的答案填入括号中。

(1) NAT 技术产生的目的描述准确的是( )。

    A. 为了隐藏局域网内部服务器真实 IP 地址

    B. 为了缓解 IP 地址空间枯竭的速度

    C. IPv4 向 IPv6 过渡时期的手段

    D. 一项专有技术,为了增加网络的可利用率而开发

(2) 常以私有地址出现在 NAT 技术当中的地址概念为( )。

    A. 内部本地   B. 内部全局   C. 外部本地   D. 转换地址

(3) 将内部地址映射到外部网络的一个 IP 地址的不同接口上的技术是( )。

    A. 静态 NAT   B. 动态 NAT   C. NAPT   D. 一对一映射

(4) 关于静态 NAPT,下列说法错误的是( )。

    A. 需要有向外网提供信息服务的主机

    B. 永久的一对一 "IP 地址+端口" 映射关系

    C. 临时的一对一 "IP 地址+端口" 映射关系

    D. 固定转换端口

(5) 将内部地址 192.168.1.2 转换为 192.1.1.3 外部地址正确的配置为( )。

    A. router(config)#ip nat source static 192.168.1.2 192.1.1.3

    B. router(config)#ip nat static 192.168.1.2 192.1.1.3

高职高专立体化教材 · 计算机系列

    C.　router#ip nat source static 192.168.1.2 192.1.1.3

    D.　router#ip nat static 192.168.1.2

(6) 在配置静态 NAT 时，不是必须在路由器上配置的项目有(　　)。

    A.　静态路由　　　　B.　默认路由　　　C.　访问控制列表　　　D.　地址转换

(7) 查看静态 NAT 映射条目的命令为(　　)。

    A.　show ip nat statistics　　　　　　B.　show nat ip statistics

    C.　show ip interface　　　　　　　　D.　show ip nat route

(8) 下列说法正确的是(　　)。

    A.　inside local address 一般是局域网分配给主机的地址

    B.　inside global address 一般是外网分配给局域网的公网 IP

    C.　outside local address 一般是外网主机在局域网中的可路由的地址

    D.　outside global address 一般是外网主机的公网 IP

(9) 下列配置中属于 NAPT 地址转换的是(　　)。

    A.　ra(config)#ip nat inside source list 10 pool abc

    B.　ra(config)#ip nat inside source 1.1.1.1 2.2.2.2

    C.　ra(config)#ip nat inside source list 10 pool abc overload

    D.　ra(config)#ip nat inside source tcp 1.1.1.1 1024 2.2.2.2 1024

(10) 什么时候需要 NAPT？(　　)

    A.　缺乏全局 IP 地址

    B.　没有专门申请的全局 IP 地址，只有一个连接 ISP 的全局 IP 地址

    C.　内部网要求上网的主机数很多

    D.　想提高内网的安全性

情境 8　网络设备的管理

情 境 描 述

作为一名新来的网络管理员，发现路由器被设置了密码，但却不知道其密码，想通过一些方法进行处理。同时希望以后在办公室或出差时也可以对设备进行远程管理，以实现远程控制，配置文件的备份与恢复。

8.1　知 识 储 备

8.1.1　Telnet 协议

Telnet 协议是当今 Internet 上应用最广泛的协议之一，尤其在使用 Unix 操作系统的计算机上，它已成为不可或缺的一种工具。更重要的是，Telnet 协议提供了在 Internet 上异质网之间传递数据和控制信息的重要方法，具有很重要的实用价值和启发意义。

Telnet 协议提供了双向的、面向字符(以 8bit 为数据单位)的通信方式。最初它被用作终端与面向终端的进程之间通信的标准方法，到后来，它也用于终端间的点对点通信以及在分布式环境下进程间的通信。RFC854 对 Telnet 协议进行了总体描述，RFC855 规定了制订协商选项所应遵循的标准，各种各样的选项的定义则在此后的 RFC 中被单独分别说明。Telnet 协议在 TCP/IP 协议栈中位于应用层(Application Layer)，直接工作在 TCP 层之上；Telnet 服务器程序工作在 TCP 的 23 号端口上。

当路由器和交换机配置完成后，可以使用 Telnet 程序配置并检查路由器和交换机，这样，可以不需要使用控制台电缆，通过在任何命令提示(DOS)下输入 Telnet 即可运行 Telnet 程序。执行此操作时，必须在路由器和交换机上设置 VTY 口令。

下面简述一下 Telnet 的工作原理，如图 8-1 所示。

(1) 服务器启动 Telnet 守护进程 Telnetd，等待着客户端的请求。

(2) 用户 1 远程登录，请求服务器的服务，例如 Telnet netmail。

(3) Telnetd 接收到用户 1 的远程登录请求后，将其作为仿真终端(伪终端)，派生出子进程 Pseudo1，与用户 1 的 Telnet 进程交互。

(4) 用户输入用户名和口令，进行远程登录。如果登录成功，用户在键盘上输入的每一个字符都传到远程主机服务器。

(5) 用户输入主机终端命令，Pseudo1 进程接收命令，将用户 1 输入的命令传给操作系统进行处理，并将处理结果传给用户进程 Telnet，用户进程将结果显示在屏幕上。

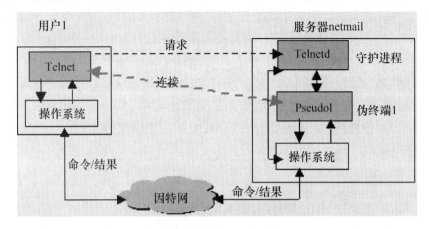

图 8-1　Telnet 的工作原理

8.1.2　SSH 协议

1．SSH 的定义

SSH(Secure Shell)是一种通用的、功能强大的、基于软件的网络安全解决方案。计算机每次向网络发送数据时，SSH 都会自动对其进行加密。数据到达目的地时，SSH 自动对加密数据进行解密。整个过程都是隐身的，使用 OpenSSH 工具将会增进系统安全性。

传统的网络服务程序，如 FTP、Pop 和 Telnet 在传输机制和实现原理上是没有考虑安全机制的，其本质上都是不安全的；因为它们在网络上用明文传送数据、用户账号和用户口令，别有用心的人通过窃听等网络攻击手段，非常容易截获这些数据、用户账号和用户口令。而且，这些网络服务程序的简单安全验证方式也有其弱点，那就是很容易受到中间人(man-in-the-middle)这种攻击方式的攻击。所谓中间人的攻击方式，就是"中间人"冒充真正的服务器接收你传给服务器的数据，然后再冒充你，把数据传给真正的服务器。服务器和你之间的数据传送被"中间人"一转手，做了手脚之后，就会出现很严重的问题。

通过使用 SSH，你可以把所有传输的数据进行加密，这样，"中间人"这种攻击方式就不可能实现了，而且也能够防止 DNS 欺骗和 IP 欺骗。使用 SSH，还有一个额外的好处，就是传输的数据是经过压缩的，所以可以加快传输的速度。SSH 有很多功能，它既可以代替 Telnet，又可以为 FTP、POP、甚至为 PPP 提供一个安全的"通道"。

2．SSH 协议的内容

SSH 协议是建立在应用层和传输层基础上的安全协议，它主要由以下三部分组成，共同实现 SSH 的安全保密机制。

(1) 传输层协议。它提供诸如认证、信任和完整性检验等安全措施，此外，它还可以任意地提供数据压缩功能。通常情况下，这些传输层协议都建立在面向连接的 TCP 数据流之上。

(2) 用户认证协议层。用来实现服务器跟客户端用户之间的身份认证，它运行在传输层协议之上。

(3) 连接协议层。分配多个加密通道至一些逻辑通道，运行在用户认证层协议之上。

当安全的传输层连接建立之后，客户端将发送一个服务请求。当用户认证层连接建立之后，将发送第二个服务请求。这就允许新定义的协议可以和以前的协议共存。连接协议提供可用作多种目的通道，为设置安全交互 Shell 会话和传输任意的 TCP/IP 端口和 X11 连接提供标准方法。

3．SSH 的安全验证

从客户端来看，SSH 提供两种级别的安全验证。

第一种级别(基于口令的安全验证)，只要你知道自己的账号和口令，就可以登录到远程主机，并且所有传输的数据都会被加密。但是，这种验证方式不能保证你正在连接的服务器就是你想连接的服务器。可能会有别的服务器在冒充真正的服务器，也就是受到"中间人"这种攻击方式的攻击。

第二种级别(基于密匙的安全验证)，需要依靠密匙，也就是你必须为自己创建一对密匙，并把公有密匙放在需要访问的服务器上。如果你要连接到 SSH 服务器上，客户端软件就会向服务器发出请求，请求用你的密匙进行安全验证。服务器收到请求之后，先在该服务器的用户根目录下寻找你的公有密匙，然后把它和你发送过来的公有密匙进行比较。如果两个密匙一致，服务器就用公有密匙加密"质询"(challenge)并把它发送给客户端软件。客户端软件收到"质询"之后，就可以用你的私人密匙解密，再把它发送给服务器。

与第一种级别相比，第二种级别不需要在网络上传送用户口令。另外，第二种级别不仅加密所有传送的数据，而"中间人"这种攻击方式也是不可能的(因为他没有你的私人密匙)。但是整个登录的过程可能慢一些。

4．SSH 的应用

SSH 最常见的应用就是，用它来取代传统的 Telnet、FTP 等网络应用程序，通过 SSH 登录到远方机器，执行你想进行的工作与命令。在不安全的网络通信环境中，它提供了很强的验证(authentication)机制与非常安全的通信环境。

SSH 的"加密通道"是通过"端口转发"来实现的。你可以在本地端口(没有用到的)和在远程服务器上运行的某个服务的端口之间建立"加密通道"，然后只要连接到本地端口即可。所有对本地端口的请求都被 SSH 加密，并且转发到远程服务器的端口。当然，只有远程服务器上运行 SSH 服务器软件的时候，"加密通道"才能工作。

8.1.3　路由器密码丢失的处理方法

如果路由器的特权用户密码丢失，按照如下所述步骤操作，便可以重新设置新密码。

(1)　准备一台运行仿真终端程序的 PC，推荐使用 Procomm 或 Windows Hyper Terminal (超级终端)。

(2)　将 PC 的串口和路由器的控制台口用配套提供的扁平控制台线缆连接好。

(3)　路由器关机，重开路由器，在超级终端上按 Ctrl+Break 键(注意在路由器加电之后迅即按下中断序列能导致路由器被锁住，在这种情况下，需要重新关开路由器，同样，记住终端仿真程序使用不同的按键组合来产生中断序列。最流行的两大终端仿真器是超级终端和 Procomm，对于超级终端，应同时按下 Ctrl+Break 来产生中断序列，而 Procomm 则要同时按下 Alt+B 键。密码修复工作只能在将超级终端连到路由器控制台端口的情况下才可被执行，这些步骤在路由器的辅助端口是行不通的)，使路由器进入 rom 监控模式，出现了 boot:提示符。

(4)　在 boot:提示符下运行 setup-reg(该指令为隐含命令)，按 Enter 键，出现如下所示的选择提示：

```
boot: setup-reg
Configuration Summary
enabled are:
console baud: 9600
do you wish to change the configuration? y/n [n]: y
enable "bypass the system configure file"? y/n [n]: y
```

在这里输入"y"，按 Enter 键，注意这里是 enable。

以下输入默认值：

```
enable "debug mode"? y/n [n]: n
enable "user break/abort enabled"? y/n [n]: n
change console speed? y/n [n]: n
Configuration Summary
enabled are:
bypass the system configure file
console baud: 9600
```

重新继续交互询问是否还需要修改参数，因为已经修改完毕，输入"n"，按 Enter 键。

```
do you wish to change the configuration? y/n [n]: n
program flash location 0x2070000
You must reset or power cycle for new config to take effect
boot:
```

(5)　在 boot:下输入 reset，重启路由器，路由器重启动时，将忽略 NV 内存中的配置信息，便不存在控制密码和使能密码了，启动路由器后直接按 Enter 键，便可进入路由器的命令提示符下：

```
Press RETURN to get started!
Red-Giant>en
Red-Giant#
```

(6) 如果配置无关紧要，那么直接在特权层下运行 write，然后 reboot 路由器便可以了，如果其中的配置还需要用到，那么可以在特权层下，执行 copy startup-configuration running-configuration 来完成这项任务，然后执行 config term 命令进入全局配置模式，运行 enable secret 0 abcde，这里的 abcde 便是新的密码了，完成之后，可按下 Ctrl+Z 组合键退出全局配置模式，进入到特权用户模式，键入 write，将新密码保存到 NV 内存中，然后 reboot 路由器。

(7) 重启路由器，还是按照上面步骤(3)的方法，进入到 rom 监控模式下，从 boot:输入 setup-reg，按 Enter 键：

```
boot: setup-reg
Configuration Summary
enabled are:
bypass the system configure file
console baud: 9600
do you wish to change the configuration? y/n [n]: y ⇐在这里输入 "y" 并回车
disable "bypass the system configure file"? y/n [n]: y
⇐在这里输入 "y" 并回车，注意这里是 disable，而上面的是 enable，下面的用默认回答
enable "debug mode"? y/n [n]:n
enable "user break/abort enabled"? y/n [n]:n
change console speed? y/n [n]:n
Configuration Summary enabled are: console baud: 9600

⇐重新继续交互询问是否还需要修改参数，因为已经修改完毕，输入 "n" 并回车
do you wish to change the configuration? y/n [n]: n
program flash location 0x2070000
You must reset or power cycle for new config to take effect boot:
```

(8) 在 boot:提示符号下，输入 save，保存当前的 bootrom 的配置信息。

(9) 在 boot:下运行 reset 重启路由器，到这一步，实现了修改密码的目的，现在路由器便可以采用新的密码来工作了。

8.2 情境训练：备份路由器配置到 TFTP 服务器配置实例

作为网络管理员，你在路由器上做好配置后，需要将其配置文件做备份，以备将来需要时用。

图 8-2 中，路由器命名为 RouterA。一台 PC 机通过串口(COM)连接到路由器的控制(Console)端口，通过网卡(NIC)连接到路由器的 fastethernet0 端口。假设 PC 机的 IP 地址和网络掩码分别为 192.168.0.137、255.255.255.0，路由器的 fastethernet0 端口的 IP 地址和网络掩码分别为 192.168.0.138、255.255.255.0。

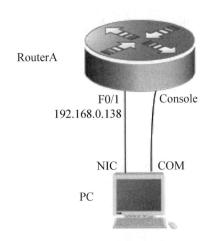

图 8-2　路由器备份

(1)　在路由器上配置 fastethernet0 端口的 IP 地址：

```
RouterA(config)# interface fastethernet0    !进入路由器接口配置模式
RouterA(config)# ip address 192.168.0.138 255.255.255.0
    !配置路由器管理接口 IP 地址
RouterA(config)# no shutdown        !开启路由器 fastethernet0 接口
```

验证测试：验证路由器接口 fastethernet0 的 IP 地址已经配置和开启，PC 机与路由器有网络连通性：

```
RouterA#show  ip  interface fastethernet0
    !验证接口 fastethernet0 的 IP 地址已经配置和开启
FastEthernet0 is up, line protocol is up
  Internet address is 192.168.0.138/24
  Broadcast address is 255.255.255.255
  Address determined by setup command
  MTU is 1500 bytes
Helper address is not set
  Directed broadcast forwarding is disabled
  Outgoing access list is not set
  Inbound  access list is not set
  Proxy ARP is enabled
  Security level is default
  Split horizon is enabled
  ICMP redirects are always sent
  ICMP unreachables are always sent
    ICMP mask replies are never sent
IP fast switching is enabled
  IP fast switching on the same interface is disabled
  IP multicast fast switching is enabled
  Router Discovery is disabled
```

```
    IP output packet accounting is disabled
    IP access violation accounting is disabled
    TCP/IP header compression is disabled
    Policy routing is disabled
```

或者:

```
RouterA#show ip interface brief
Interface          IP-Address      OK? Method Status                  Protocol
FastEthernet0      192.168.0.138   YES manual up                          up
FastEthernet1      192.168.1.138   YES manual up                          up
FastEthernet2      unassigned      YES unset  administratively down     down
FastEthernet3      unassigned      YES unset  administratively down     down
Serial0            unassigned      YES unset  administratively down     down
Serial1            unassigned      YES unset  administratively down     down
```

```
RouterA#ping 192.168.0.137        !验证路由器与 PC 机具有网络连通性
Type escape sequence to abort.
Sending 5, 100-byte ICMP Echoes to 192.168.0.137, timeout is 2 seconds:
!!!!!
Success rate is 100 percent (5/5), round-trip min/avg/max = 1/1/4 ms
```

(2) 备份路由器配置:

```
RouterA#copy running-config tftp       !备份路由器的当前配置文件到 TFTP 服务器
Remote host []? 192.168.0.137          !输入 TFTP 服务器的 IP 地址
Name of configuration file to write [routera-confg]?   !选择输入配置文件名
Write file routera-confg on host 192.168.0.137? [confirm]
Building configuration...
Writing routera-confg !! [OK]
```

或者:

```
RouterA#copy startup-config tftp       !备份路由器的初始配置文件到 TFTP 服务器
Remote host []? 192.168.0.137
Name of configuration file to write [routera-confg]?
Write file routera-confg on host 192.168.0.137? [confirm]
Writing routera-confg !! [OK]
```

验证测试:验证 TFTP 服务器上的配置文件。

打开 TFTP 服务器上的配置文件 C:\ routera-confg(用 Office Word 程序即可打开)。

8.3 知 识 拓 展

使用 SSH 代替 Telnet。

网络管理员用于远程管理其设备的最常用工具是 Telnet 应用程序。Telnet 允许访问设备的 CLI。不过，Telnet 的问题是在用户和 IOS 设备之间发送的所有信息都是明文形式的，包括用户名和密码。因为您不希望有人窃听连接，看到所做的事情(登录、查看设备的运行情况，以及配置设备)，所以想通过加密流量的方式进行保护。因此对网络的远程访问推荐使用 SSH 技术，SSH 是英文 Secure Shell 的缩写。通过使用 SSH，可以对所有传输的数据进行加密，这样，"中间人"攻击方式就不可能实现了，捕获的数据包也是 RSA 加密后的数据包。

具体的配置步骤如下。

(1) 给路由器的配置一个 IP 地址：

```
Router(config)#interface fastEthernet 0/0
Router(config-if)#ip address 192.168.1.2 255.255.255.0
Router(config-if)#no shutd
```

(2) 配置路由器的名字。默认路由器的名字一定要配置：

```
Router(config)#hostname R2
```

(3) 配置路由器的域名。路由器的域名一定要配置，随便配置一个域名都可以，以进行下个步骤的加密：

```
R2(config)#ip domain-name test.com
```

(4) 产生非对称密钥。使用 crypto key generate rsa 命令产生非对称密钥，密钥的名字是 R2.test.com。然后询问密钥的长度，可以为 360~2048，这里输入 2048：

```
R2(config)#crypto key generate rsa
The name for the keys will be: R2.test.com
Choose the size of the key modulus in the range of 360 to 2048 for your
    General Purpose Keys. Choosing a key modulus greater than 512 may take
    a few minutes.
How many bits in the modulus [512]: 2048
% Generating 2048 bit RSA keys, keys will be non-exportable...[OK]
```

(5) 配置 VTY 用户使用本地验证，验证的方式是 SSH：

```
R2(config)#username test password 123
R2(config)#line vty 0 4
R2(config-line)#transport in
R2(config-line)#transport input ssh
!允许使用多种验证方式，比如 transport input ssh telnet
R2(config-line)#login local
```

由于很多的操作系统默认不提供 SSH 客户端功能，需要安装 SSH 客户端软件。这里推荐 SecureCRT 软件，具体的使用方法请大家自己查阅相关的资料。

8.4 操 作 练 习

操作与练习 8-1 利用 TFTP 还原路由器配置

① 先查看路由器的配置：

```
RA#show running-config
Building configuration...

Current configuration:
!
version 6.14(9coll)
!
hostname "RA"
!
enable password 123
!
!
!
ip subnet-zero
!
!
!
interface Loopback0
 ip address 1.1.1.1 255.255.255.0
!
interface FastEthernet0
 ip address 172.16.2.1 255.255.255.0
!
interface FastEthernet1
 ip address 12.1.1.2 255.255.255.0
 shutdown
!
interface FastEthernet2
 no ip address
 shutdown
!
interface FastEthernet3
 no ip address
 shutdown
!
interface Serial0
 no ip address
```

```
 shutdown
!
interface Serial1
 ip address 12.1.1.1 255.255.255.0
 encapsulation frame-relay
 frame-relay inverse-arp
!
router rip
 version 2
 network 172.16.0.0
 network 1.0.0.0
 network 12.0.0.0
 no auto-summary
!
ip classless
!
line con 0
 password 123
 login
line aux 0
line vty 0 4
 login
line vty 5 19
 login
!
end
```

!测试连通性：在路由器上 ping 服务器地址
RA#ping 172.16.2.10

```
Type escape sequence to abort.
Sending 5, 100-byte ICMP Echoes to 172.16.2.10, timeout is 2 seconds:
!!!!!
Success rate is 100 percent (5/5), round-trip min/avg/max = 1/1/4 ms
```

② 备份路由器的配置。

配置方法略。

验证测试：验证 TFTP 服务器上的配置文件。

打开 TFTP 服务器上的配置文件 C:\config.text(用记事本就可以查看)：

```
!
version 6.14(9coll)
!
hostname "RA"
!
enable password 123
```

```
!
!
!
ip subnet-zero
!
!
!
interface Loopback0
 ip address 1.1.1.1 255.255.255.0
!
interface FastEthernet0
 ip address 172.16.2.1 255.255.255.0
!
interface FastEthernet1
 ip address 12.1.1.2 255.255.255.0
 shutdown
!
interface FastEthernet2
 no ip address
 shutdown
!
interface FastEthernet3
 no ip address
 shutdown
!
interface Serial0
 no ip address
 shutdown
!
interface Serial1
 ip address 12.1.1.1 255.255.255.0
 encapsulation frame-relay
 frame-relay inverse-arp
!
router rip
 version 2
 network 172.16.0.0
 network 1.0.0.0
 network 12.0.0.0
 no auto-summary
!
ip classless
!
line con 0
 password 123
```

```
 login
line aux 0
line vty 0 4
 login
line vty 5 19
 login
!
end
```

③　恢复路由器配置：

```
RA#erase startup-config
[OK]
RA#rel
RA#reload
RA#reload
Proceed with reload? [confirm]
!查看路由配置
Red-Giant#show running-config
Building configuration...
Current configuration:
!
version 6.14(9coll)
!
hostname "Red-Giant"
!
!
!
!
ip subnet-zero
!
!
!
interface FastEthernet0
 no ip address
 shutdown
!
interface FastEthernet1
 no ip address
 shutdown
!
interface FastEthernet2
 no ip address
 shutdown
!
interface FastEthernet3
```

```
  no ip address
  shutdown
 !
interface Serial0
  no ip address
  shutdown
 !
interface Serial1
  no ip address
  shutdown
 !
ip classless
 !
line con 0
line aux 0
line vty 0 4
  login
line vty 5 19
  login
 !
end
```
!先给与 TFTP 相连的服务器配置一个 IP 地址，测试连通性
```
Red-Giant#ping 172.16.2.10
Type escape sequence to abort.
Sending 5, 100-byte ICMP Echoes to 172.16.2.10, timeout is 2 seconds:
!!!!!
Success rate is 100 percent (5/5), round-trip min/avg/max = 1/1/4 ms
```
!然后进行还原
```
Red-Giant#copy tftp running-config
Address of remote host [255.255.255.255]? 172.16.2.10
Name of configuration file [red-giant-confg]? config.text
Configure using config.text from 172.16.2.10? [confirm]
Loading config.text from 172.16.2.10 (via FastEthernet0): !
[OK - 733/32727 bytes]
```
!验证测试：验证路由器上已经更新为新的配置
```
Red-Giant#copy tftp running-config
Address of remote host [255.255.255.255]? 172.16.2.10
Name of configuration file [red-giant-confg]? config.text
Configure using config.text from 172.16.2.10? [confirm]
Loading config.text from 172.16.2.10 (via FastEthernet0): !
[OK - 733/32727 bytes]

RA#
%UPDOWN: Line protocol on Interface Loopback0, changed state to up
%UPDOWN: Interface Serial1, changed state to down
```

```
RA#
RA#sh
RA#show ru
RA#show running-config
Building configuration...

Current configuration:
!
version 6.14(9coll)
!
hostname "RA"
!
enable password 123
!
!
!
ip subnet-zero
!
!
!
interface Loopback0
 ip address 1.1.1.1 255.255.255.0
!
interface FastEthernet0
 ip address 172.16.2.1 255.255.255.0
!
interface FastEthernet1
 ip address 12.1.1.2 255.255.255.0
 shutdown
!
interface FastEthernet2
 no ip address
 shutdown
!
interface FastEthernet3
 no ip address
 shutdown
!
interface Serial0
 no ip address
 shutdown
!
interface Serial1
 ip address 12.1.1.1 255.255.255.0
 encapsulation frame-relay
```

```
   frame-relay inverse-arp
  !
 router rip
  version 2
  network 172.16.0.0
  network 1.0.0.0
  network 12.0.0.0
  no auto-summary
  !
 ip classless
  !
 line con 0
  password 123
  login
 line aux 0
 line vty 0 4
  login
 line vty 5 19
  login
  !
 end
```

操作与练习 8-2　配置交换 Telnet 功能

① 基本配置：

```
Switch(config)#interface vlan 1
Switch(config-if)#ip address 192.168.1.1 255.255.255.0
Switch(config-if)#no shutdown
Switch(config-if)#end
```

② 配置交换机远程登录密码：

```
Switch(config)#enable secret level 1 0  ruijie
```

③ 配置交换机特权模式密码：

```
Switch(config)#enable secret level 15 0  star
```

④ 验证测试：使用 Windows 自带的 Telnet 连接工具远程登录设备，如图 8-3 所示。

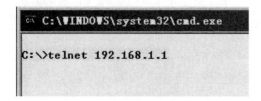

图 8-3　远程登录命令

登录后的界面与 Console 口连接是一致的，如图 8-4 所示。

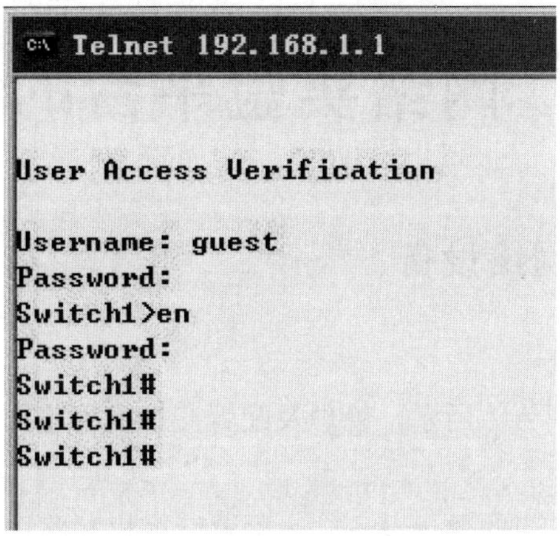

图 8-4　远程登录后的界面

附录 A　网络实验平台的使用(1)

利用 Console 管理网络设备

【实验任务】

通过 Console 口，如图 A-1 所示，管理及配置交换机和路由器。

【实验目的】

熟练掌握利用 Console 口的登录设备，来配置交换机和路由器。

【背景描述】

学校网络实验室有交换机和路由器设备，要求你进行配置。

提供了 Console 线缆，请利用 Console 口登录设备进行配置。

【技术原理】

可网管的交换机和路由器提供了一个专用于管理设备的接口(Console 口)。需要使用一条特殊的线缆连接到计算机的串口(COM)。计算机利用超级终端程序进行登录配置。

Console 线缆有三种类型：

- DB9-DB9 配置线：主要用于部分交换机和路由器的 Console 口。是 9 针串口，如图 A-2 所示。
- DB9-RJ-45 线缆：用于目前主流设备的 Console 口(RJ-45 接口)和计算机串口(COM)的连接，如图 A-3 所示。
- 反转线+RJ-45-DB9 转换器：用于 Console 口(RJ-45 接口)和计算机串口(COM)的连接。反转线使用一条普通的双绞线制作。双绞线的线序为全反，即一端线序为 1~8，另一端线序为 8~1，如图 A-4 所示。

使用 Windows 自带的超级终端软件进行登录配置。超级终端配置时，计算机串口的属性配置如下。

每秒位数：9600。数据位：8 位。停止位：1 位。数据流控：无。

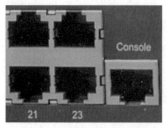

图 A-1　设备的 Console 口

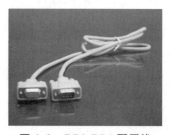

图 A-2　DB9-DB9 配置线

图 A-3　DB9-RJ-45 配置线

图 A-4　反转线转换器线

【实现功能】

交换机、路由器 Console 口的使用，超级终端的配置。

【实验设备】

S2126G 交换机(1 台)、R1762 路由器(1 台)、PC(1 台)、Console 线(1 条)。

【实验拓扑】

如图 A-5 所示，配置设备和超级终端工作场景。

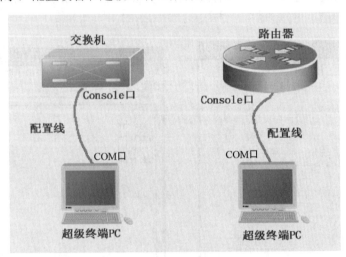

图 A-5　配置设备和超级终端通过 Console 连接

【实验步骤】

(1) 利用 Console 线，将交换机或路由器的 Console 口和计算机的串口(COM)连接起来，如图 A-5 所示。

(2) 打开连接的超级终端 PC，执行操作系统中的超级终端程序，如下所示：

(3) 配置连接的超级终端的参数。

① 配置超级终端连接名称，名称任意确定，如图 A-6 所示。

② 配置超级终端连接端口，根据连接线缆的不同有所区别，如图 A-7 所示。

图 A-6　配置连接名称　　　　　　　　　　图 A-7　配置连接端口

③　配置超终终端 COM 端口属性，按默认参数。每秒位数：9600；数据位：8 位；停止位：1 位；数据流控：无。如图 A-8 所示。

④　超级终端成功连接交换机或者路由器的界面如图 A-9 所示，这是连接交换机设备的初始界面。

图 A-8　COM 端口的默认参数　　　　　　图 A-9　初始连接成功的界面

【注意事项】

路由器利用 Console 口配置管理方法和交换机操作规程一致。

备注：在整体 RCMS 实验室搭建的工作台中，直接利用 RCMS 控制服务器登录连接设备，不需要使用超级终端的方式配置设备，这样更加简化、方便。

附录 B　网络实验平台的使用(2)

RCMS 实验台的使用

【实验任务】

学习 RCMS 实验台的使用，如图 B-1 所示。

图 B-1　RCMS 控制服务器

【实验目的】

熟练掌握 RCMS 实验台的使用，使用 RCMS 实验台模拟真实的网络环境，如图 B-2 所示。

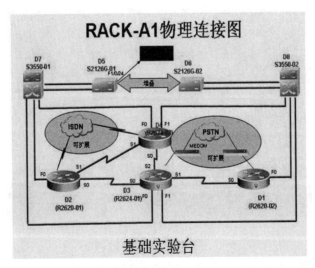

图 B-2　RCMS 实验台模拟网络拓扑

【背景描述】

学校采用 RG-RCMS 服务器的方式构建了网络实验室，如图 B-3 所示，要求你熟悉 RCMS 实验台的使用方法，了解学校实验室的网络环境。

图 B-3   RCMS 实验室环境

【技术原理】

网络实验室机架控制和管理服务器 RG-RCMS 系列产品是锐捷网络专门针对现代网络实验室开发的统一管理控制服务器，实验室中，使用者可以通过 RG-RCMS 来同时管理和控制 8~16 台的网络设备，不需要进行控制线的拔插，采用图形界面管理，简单方便。

RG-RCMS 服务器利用异步模块接口和八爪鱼线，如图 B-4 所示连接实验设备。一个异步接口支持 8 台设备。利用八爪鱼线连接到每台实验设备的 Console 口。

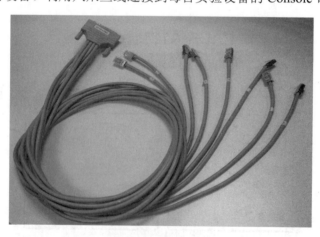

图 B-4   八爪鱼线

RG-RCMS 采用反向 Telnet 的方式，能够灵活地对一组实验设备进行配置和管理。用户利用 IE 浏览器访问 RCMS，通过图形界面的形式对设备进行访问和配置。

【实现功能】

熟悉 RCMS 实验台的使用，能熟练进行各实验设备之间的切换。

【实验设备】

RCMS 实验台一组：RCMS 服务器一台、2 台路由器、2 台交换机，如图 B-5 所示。

【实验拓扑】

如图 B-6 所示，使用异步模块接口和八爪鱼线，逻辑连接实验台上所有的设备。

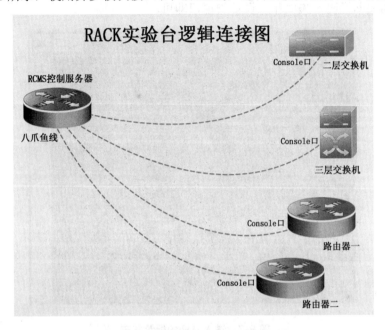

图 B-5　RCMS 实验台设备连接拓扑图

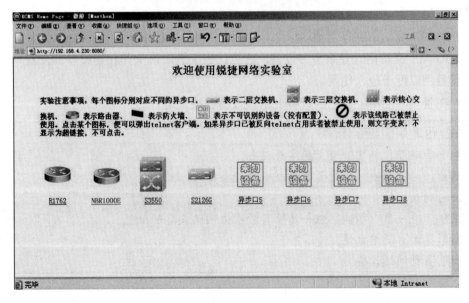

图 B-6　登录 RCMS 服务器连接设备图标识

【实验步骤】

(1) 登录 RCMS 服务器,在 IE 浏览器里输入 RCMS 服务器的管理 IP 地址,端口为 8080,如 http://192.168.4.230:8080,如图 B-6 所示。

(2) 登录实验设备,实验设备之间的切换。

以鼠标单击需要登录的设备,会自动弹出超级终端或 CMD 提示符并登录到该设备,如图 B-7 所示。

(3) 当需要断开时,关闭相应设备的窗口即可。

图 B-7　进入交换的配置状态

【注意事项】

① RCMS 登录的端口是 8080。

② RCMS 支持同时登录多台设备,注意结束配置时,关闭相连设备的配置窗口,释放相关设备,以便于他人使用。

③ 在管理界面中,灰色的设备表示该设备已被使用。

备注: RCMS 控制实验台的特点

统一管理和控制实验台上的多台设备。

无须拔插控制线,同时管理控制多台设备。

良好的兼容性。

提供“统一清”功能,统一清除实验台上网络设备的配置。

图形界面,简单方便。

识别多种网络设备。

附录 C　网络实验平台设备清单

网络实验平台设备清单

本课程需要的网络专业实验室解决方案，应根据学校网络专业课程开设的情况和学习的人数，来购置搭建真实的网络环境的 RACK 实验台数量，建立相应的网络环境，更有效地体现职业教育中基于工作过程的解决问题的思想，和建立以真实项目为核心的课程教学模式。

一般推荐每组 RACK 实验台设备最好由 6~8 位同学结成项目小组的形式共同使用，更能体现项目教学的思想。如果每班课程开课的人数在 40 人左右，按照每组 RACK 配置有 4 台设备的解决方案，则至少为 6 组实验台设备。

每组网络实验台设备的配置清单

设备类别	设备名称	性　能描　述	单位	配置数量	备注
路由器					
实验室机架控制管理服务器	管理服务器	实验室机架管理控制服务器,同时管理 8 台网络设备,实验室选择该设备一般必须具有: ❯ 1 个 Console 口 ❯ 2 个 10/100Mb/s 快速以太口 ❯ 1 个 8 口异步口接口 ❯ 1 条 8 爪鱼水晶头线缆 其他设备上可选项的功能有: ❯ 1 个 AUX 接口 ❯ 1 个扩展槽	台	1	必选项
路由器	模块化路由器	模块化路由器是具有高性能、安全、多业务、扩展槽等性能的模块化产品,实验室选择该设备一般必须具有: ❯ 2 个 10/100Mb/s 快速以太口 ❯ 2 个高速同步口 ❯ 1 个 Console 端口 其他设备上可选项的功能有: ❯ 1 个 AUX 接口 ❯ 1 个扩展槽	台	1~2	必选项

交换机					
交换机	二层交换机	二层交换机是企业级、安全、智能型、可网管的交换机产品,实验室选择该设备一般必须具有: ➡ 24 口 10/100Mb/s 交换机 其他设备上可选项的功能有: ➡ 两个扩展槽,可上 100/1000Mb/s 光纤/电口模块	台	1~2	必选项
	三层交换机	三层交换机是安全、智能、多层交换机产品,实验室选择该设备一般必须具有: ➡ 24 口 10/100Mb/s 交换机 其他设备上可选项的功能有: ➡ 两个扩展槽,可上 100/1000Mb/s 光纤/电口模块	台	1~2	必选项
堆叠模块	堆叠模块	堆叠模块可以直接安装在二层或者三层交换机产品的扩展槽中,丰富了交换机的端口密度,增强网络带宽,是实验室可选择产品,一般包括: ➡ 堆叠模块 ➡ 赠 1 根堆叠线缆	块	2	可选项
安全设备					
安全产品	RG-WALL	防火墙产品 RG-WALL 是采用独创算法设计的新一代安全产品,支持扩展的状态检测,具备高性能的数据过滤功能,提供强有力的安全通道,实验室选择该设备一般必须具有: ➡ 至少 3 个固化的 10/100 Mb/s 以太网端口	台	1~2	可选项
其他配件					
机柜	RG-RACK-LAB-22U	实验室机柜 (宽×深×高:600mm×800mm×1200mm)	1	台	可选项
机柜配件	16 口 1U 理线架	规划实验台连接线缆,标识线缆编号	1	个	可选项
机柜配件	金属理线环	整理机柜侧边线缆	12	个	可选项

备注:该设备清单仅供参考,实际网络实验室项目的建设可能会根据不同学校的情况,以及锐捷网络公司产品线的调整而有所改变。

　　其中"可选项"的设备内容可以根据学校网络专业课程开设以及经济能力选择采购；而填写"必选项"的设备，是组成 RACK 实验室的基础设备，保证目前大多数网络专业课程中指定的内容，只会根据公司产品线的变化而有所替代和调整。

参 考 文 献

[1] 锐捷网络. 网络互联与实现[M]. 北京：希望电子出版社，2007.

[2] 杨靖，等. 实用网络技术配置指南[M]. 北京：希望电子出版社，2006.

[3] Richard Deal. CCNA 学习指南[M]. 张波，胡颖琼，译. 北京：人民邮电出版社，2009.

[4] 崔北亮. CCNA 认证指南[M]. 北京：电子工业出版社，2009.